फक्त खेळण्यांसाठी

डी. एस. इटोकर
(राज्य पुरस्कारप्राप्त कलाशिक्षक)

मेहता पब्लिशिंग हाऊस

© +91 020-24476924 / 24460313

Email : info@mehtapublishinghouse.com
        production@mehtapublishinghouse.com
        sales@mehtapublishinghouse.com
Website : www.mehtapublishinghouse.com

◆ *या पुस्तकातील लेखकाची मते, घटना, वर्णने ही त्या लेखकाची असून त्याच्याशी प्रकाशक सहमत असतीलच असे नाही.*

FAKTA KHELNYANSATHI by D. S. ITOKAR

फक्त खेळण्यांसाठी / विज्ञान विषयक

© डी. एस. इटोकर

वार्ड नं ४, राऊतवाडी, पोस्ट - चिखली, जि. बुलढाणा - ४४३२०१.

प्रकाशक   : सुनील अनिल मेहता, मेहता पब्लिशिंग हाऊस,
                 १९४१, सदाशिव पेठ, माडीवाले कॉलनी, पुणे - ४११०३०.

अक्षरजुळणी   : एच्.एम्. टाइपसेटर्स ११२०, सदाशिव पेठ, पुणे ३०.

मुखपृष्ठ   : बाबू उडुपी

प्रकाशनकाल   : ऑगस्ट, २००० / फेब्रुवारी, २००३ / मार्च, २००६ /
                 मे, २००९ / नोव्हेंबर, २०११ / पुनर्मुद्रण : सप्टेंबर, २०१४

ISBN 81-7766-675-4

प्रस्तावना

श्री. डी. एस. इटोकर यांचे विज्ञान विषयावरील ''फक्त खेळण्यांसाठी'' या नवव्या पुस्तकास प्रस्तावना लिहिताना मला आनंद होत आहे. निसर्गामध्ये क्षणोक्षणी असंख्य क्रिया घडत असतात. त्यातील प्रत्येक क्रिया विज्ञानाच्या सिद्धांताप्रमाणे घडते. त्यातील काही सिद्धांत मानवाला ज्ञात झालेले आहेत. तरी पण अजून अज्ञात असलेले सिद्धांत अगणित आहेत.

प्रचलित शिक्षण पद्धतीत प्रत्येकाला कमीत कमी तीन गोष्टींची जाणीव करून देणे आवश्यक असते ते म्हणजे वाचणे, लिहिणे व अंकगणित होय. या तीन गोष्टी आत्मसात करणे म्हणजेच शिक्षणाचा श्रीगणेश! होय पण त्याचबरोबर चौथा व महत्त्वाचा पैलू उदयास येत आहे, तो म्हणजे सामान्य विज्ञान आत्मसात करणे. या प्रक्रियेतूनच उद्याचा तंत्रज्ञ व शास्त्रज्ञ निर्माण होऊ शकतो.

श्री. इटोकर यांनी सामान्य विज्ञानाचे काही सिद्धांत एकत्र करून, सभोवताली सहज उपलब्ध होणाऱ्या वस्तू वापरून, चिंतनाने, कृतीने या सिद्धांतास प्रायोगिक स्वरूप दिले. हे काम दिसण्यास जरी सोपे असले तरी ते कठीण आहे. ''केल्याने होत आहे रे, आधी केलेच पाहिजे.'' या उक्तीप्रमाणे आधी केलेच पाहिजे हाच या पुस्तकाचा मतितार्थ आहे.

प्रत्येक विद्यालयात या पुस्तकाची प्रत असणे जसे आवश्यक आहे तसेच विद्यालयातील प्रयोगशाळेत या सर्व साहित्याची गरज आहे. विद्यार्थ्यांना या प्रयोगाचे वैयक्तिक व सामूहिकरीत्या अध्ययन करून देणे, शिक्षणाची आवड निर्माण करण्याच्या दृष्टीने अती महत्त्वाचे आहे. प्रत्येक प्रयोगशाळेत अशा

प्रयोगांची संख्या दरवर्षी वाढविणे, हे त्या प्रयोग शाळेच्या प्रगतीचे लक्षण आहे.

पालकांनी हे पुस्तक संग्रही ठेवून आपल्या पाल्यास प्रयोग करण्यास प्रवृत्त करणे, मार्गदर्शन करणे व त्याला स्वबळावर उभे करणे व पाल्यात आत्मविश्वास निर्माण करणे हीच खरी शिक्षणाची बैठक होय. शिक्षण घेणाऱ्या प्रत्येकाच्या घरी 'सामान्य विज्ञान प्रयोग शाळा' तयार करणे झाल्यास हे पुस्तक उपयुक्त होईल व त्यामुळे विज्ञानाचे शिक्षण ही आवडीची गोष्ट होईल.

श्री. इटोकरांनी अविरत कष्टाने केलेल्या कामास भरपूर यश चिंतितो.

चिखली
दि. २२ मे १९९७.

– प्रा. जी. जी. बहाळे
B. E. (Hons), M. E. (Ele.)
संचालक
अनुराधा अभियांत्रिकी व फार्मसी महाविद्यालय
चिखली, जि. बुलढाणा (महाराष्ट्र)

खेळ सुरू करण्यापूर्वी थोडेसे...

'फक्त खेळण्यांसाठी' ह्या पुस्तकाची निर्मिती मुलांचा वयोगट ६ ते १२ वर्षे लक्षात घेऊन केली आहे. बरेचसे साहित्य उपलब्ध असूनही प्राथमिक शाळांत विज्ञान हा विषय कथन पद्धतीनेच शिकवला जातो. त्यामुळे मुलांच्या हातांना वैज्ञानिक वस्तू व उपकरणे हाताळण्यास मिळत नाहीत. याचा परिणाम असा होतो की, शालांत परीक्षेत प्रात्यक्षिक परीक्षेच्या वेळी अगदी सोप्या वस्तूसुद्धा हाताळताना मुलांना आत्मविश्वास वाटत नाही. हा आत्मविश्वास प्राथमिक शाळेतच निर्माण करण्याचा ह्या पुस्तकाद्वारे प्रयत्न केला आहे.

'फक्त खेळण्यांसाठी' हे पुस्तक विद्यार्थ्यांना खेळण्यासाठी, शिक्षकांना व पालकांना संदर्भ ग्रंथ म्हणून उपयोगी पडेल. फक्त खेळण्यासाठीच असल्यामुळे पुस्तकात कोठेही साहित्य, अनुमान, निष्कर्ष वगैरे शास्त्रीय शब्दाचा वापर केलेला नाही. प्रत्येक खेळाच्या शेवटी कंसात त्या खेळाचे शास्त्रीय तत्त्व सांगितले आहे. ते पालकांसाठी आहे.

'फक्त खेळण्यांसाठी' ह्या पुस्तकात एकूण १०२ खेळ आहेत. त्यांची वर्गवारीसुद्धा केली आहे. प्रत्येक खेळ कोणत्या ना कोणत्या तरी शास्त्रीय तत्त्वावर आधारलेला आहे. त्यामुळे खेळता खेळता मनोरंजनाबरोबर शास्त्रीय दृष्टिकोन वाढीस लागेल व वस्तू हाताळल्यामुळे त्याच्यातील सृजनशीलता व आत्मविश्वास वाढेल.

चुंबकाला लोखंडी खिळा चिकटतो, सेल व बल्ब वायरने जोडले म्हणजे प्रकाश पडतो, उन्हात धरलेल्या बाह्यगोल भिंगाच्या बारीक ठिपक्याने कागद

पेटतो ह्या सर्व गंमती करता करताच त्याला न कळत विज्ञानाची गोडी लागेल. आजच्या विज्ञान युगात सामान्य माणसालासुद्धा विज्ञानाचे अंग असले पाहिजे. प्रत्येकामधील वैज्ञानिक दृष्टिकोन वाढीस लागेल अशी या पुस्तकाची रचना केलेली आहे.

एखादा खेळ मुलांना समजला नाही तर पालकांनी तो करून दाखवायला काहीच हरकत नाही. ''बाबा माइयाबरोबर खेळतात'' हे पाहून तुमच्या मुलाला नक्कीच आनंद होईल.

पुस्तकाचे हस्तिलिखित वाचून अत्यंत आपुलकीने ज्यांनी मला मौलिक सूचना दिल्या व पुस्तकाला प्रस्तावना दिली ते प्रा. श्री. जी. जी. बहाळेसाहेब, संचालक, अनुराधा अभियांत्रिकी व फार्मसी महाविद्यालय चिखली यांचा मी अत्यंत आभारी आहे. विज्ञान विषयावरील माझ्या या नवव्या पुस्तकाचे पूर्वीच्या पुस्तकाप्रमाणेच आपण स्वागत कराल अशी खात्री आहे.

मेहता पब्लिशिंग हाऊसचे श्री. सुनील अनिल मेहता यांनी हे पुस्तक सर्वांग सुंदर होण्यासाठी बरेच कष्ट घेतले. त्यांचासुद्धा मी अत्यंत आभारी आहे.

आपला

–डी. एस. इटोकर

खेळण्यांसाठी लागणाऱ्या वस्तू

औषधाच्या रिकाम्या बाटल्या ■ रिकाम्या डब्या, खोके ■ सलाईनच्या नळ्या, शिशया ■ थर्माकोलचे तुकडे ■ ऑइलपेंटचे रिकामे डबे ■ निकामी विजेचे बल्ब ■ जुने ब्लेड, स्पोक, तार ■ जुने पोस्टकार्ड ■ बांगड्या, छोटे चमचे ■ निकामी बॉलपेन्स ■ निकामी स्केचपेन्स ■ टाचण्या, काचेचे मणी ■ सुई-दोरा लहान मोठा ■ बाबूंच्या कामट्या ■ पातळ पुठ्ठा, चिकटपट्टी ■ बशी, काचेचा पेला ■ पारदर्शक काच ■ लहान-मोठे आरसे ■ मेणबत्ती, टूथपेस्ट ■ आगपेटी, बाहुली ■ फुगे, पातळ रबर ■ डांबर गोळ्या, चाडी ■ कात्री, रबर बँड, इलॅस्टिक ■ लोहचुंबक, लोखंडी खिळे ■ छोटे बल्ब, होल्डर ■ टॉर्च सेल, वायर ■ तांब्याची पट्टी, जस्ताची पट्टी ■ बाह्यगोल भिंग ■ फेव्हीकॉल ■ उदबत्ती, सेफ्टीपीन ■ पांढरे कागद, रंगीत कागद ■ सेंच्युरी पेपर, चमकीचा कागद ■ टेबल टेनिसचा चेंडू ■ कार्बनपेपर ■ वाईंडिंग वायर, छोटी मोटार

–सूचना–

वरील वस्तूंपैकी जास्तीत जास्त वस्तू आपल्या घरातच सापडतात. फक्त काही मोजक्याच वस्तू विकत आणाव्या लागतात. घरातच एका कोपऱ्यात एक रिकामे खोके ठेवून त्यात निकामी झालेल्या वस्तू जमा कराव्या. याच वस्तू खेळण्यासाठी किंवा प्रयोग करण्यासाठी उपयोगी पडतील.

रस्त्यावर बरेच वेळा नट, बोल्ट, खिळे, डब्या पडलेल्या असतात त्या जमा करून त्यांचा संग्रह करावा. अडलेल्या वेळी यातील वस्तू कामात येतात.

या पुस्तकातील सर्व खेळ टॉर्च सेल व टॉर्च बल्ब वापरून खेळायचे आहेत म्हणून घरातील मोठे बल्ब, होल्डर, प्लग, बटन, वायर या मोठ्या वस्तूंना हात लावू नये.

□

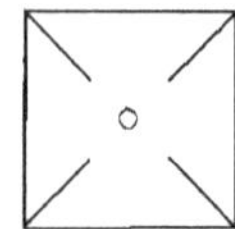
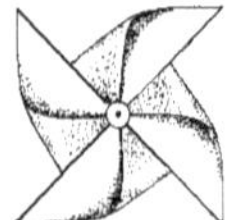

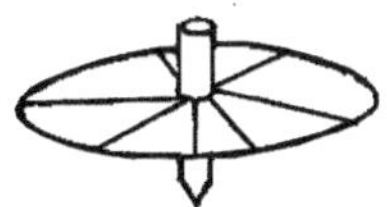

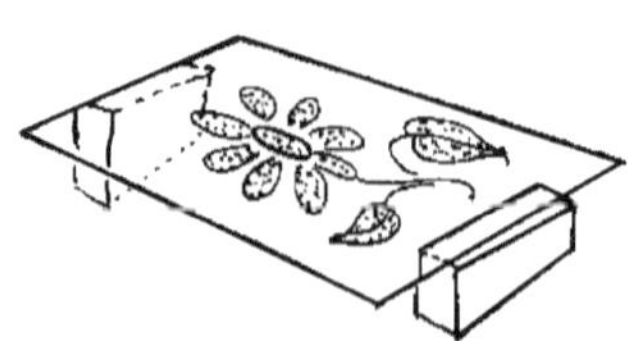

हवा

फुंकर चक्री तयार करणे

लागणारे सामान : जाड सेंच्युरी पेपर, स्केचपेनची नळी, तार.

कृती : जाड सेंच्युरी पेपर मिळाल्यास पाहावा. नाहीतर जुने पोस्टकार्ड सुद्धा चालते. पोस्टकार्ड घेऊन त्याचे दोन तुकडे करा. एका तुकड्यावर गोल झाकणाच्या साहाय्याने वर्तुळ काढा. वर्तुळ कैचीने कापून घ्या. वर्तुळाच्या काठावर कैचीने काप घ्या. प्रत्येक काप सारख्या लांबीचा असावा. त्याला आलटून पालटून वाकवून आकृतीत दाखविल्याप्रमाणे आकार घ्यावा. ही चक्री तयार झाली. हिच्या मध्याभागी बॉलपेनच्या रिकाम्या नळीचा तुकडा बसवावा म्हणजे फिरताना ती डगमगणार नाही.

बॉलपेनच्या नळीत जाईल इतकी जाड तार घेऊन त्याचे एक टोक आडवे वाकवा. आडव्या तारात आपण तयार केलेली चक्री बसवा. स्केचपेनच्या रिकाम्या नळीसमोर ही चक्री धरा. तिला फिरताना कोणताच अडथळा येणार नाही याची दक्षता घ्या. स्केचपेनच्या रिकाम्या नळीतून येणारी हवा चक्रीच्या पात्यावर पडेल अशा रीतीने तार वाकवून नळीवर पक्की बांधून घ्या. नळीतून तोंडाने हवा फुंका. चक्री जोराने फिरू लागेल. फिरली नाही तर चक्रीचा काठ स्केचपेनच्या नळीसमोर येईल अशा रीतीने तार वाकवून घ्या.

(तत्त्व : हवेच्या जोरदार फवाऱ्यामुळे चक्रीची पाती फिरू लागतात)

□ □ □

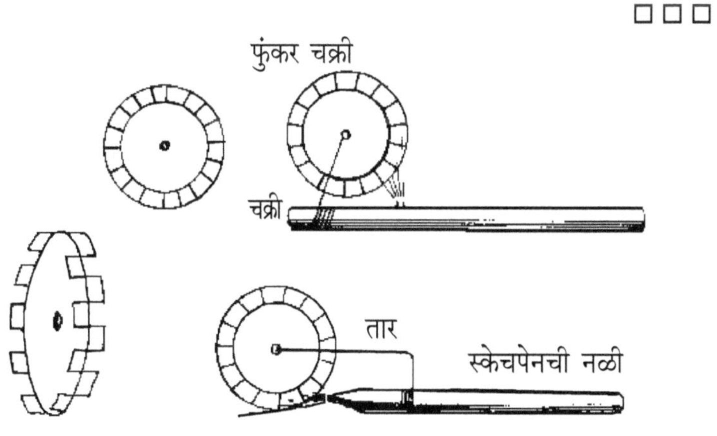

टर्बाईन तयार करणे

लागणारे सामान : जुने पोस्टकार्ड, सायकलच्या चाकाचा स्पोक, मेणबत्ती, मातीचा गोळा.

कृती : आकृतीत दाखविल्याप्रमाणे पोस्टकार्डापासून एक पट्टी कापून घ्या. तिच्या लांबीच्या मध्यावर खूण करा. आकृतीत दाखविल्याप्रमाणे या मध्यबिंदूतून जाणारी एक तिरपी रेषा काढा. त्या रेषेवर घडी घाला.

घडीच्या मध्यभागी थोडा गड्डा पाडा.

सायकलचा एक स्पोक घ्या. त्याच्या एका टोकाला कानशीने घासून टोकदार करा. हे टोक वर राहील अशा रीतीने त्याला मातीच्या गोळ्यात उभे करा. वरच्या तीक्ष्ण टोकावर आधी तयार केलेल्या टर्बाईन ठेवा. या टर्बाईनच्या खाली जळती मेणबत्ती ठेवा. थोड्याच वेळात टर्बाईन फिरू लागते व मेणबत्ती पेटलेली आहे तो पर्यंत ते फिरत राहते.

(**तत्त्व :** गरम हवा हलकी होऊन वर जाते व टर्बाईनच्या पात्यांना गती देते.)

◻ ◻ ◻

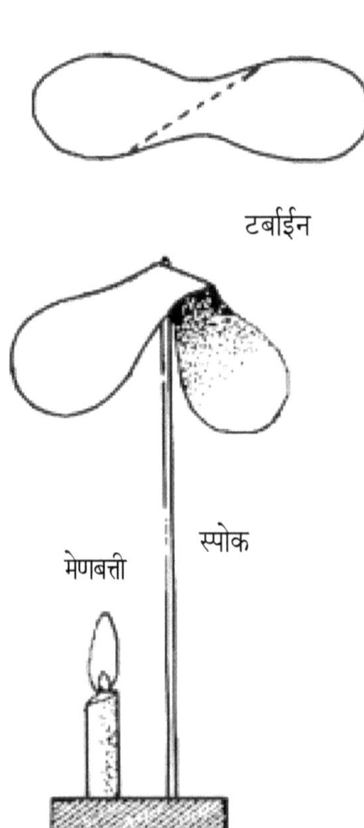

फिरणारे वलय

लागणारे सामान : सायकलचा जुना स्पोक, एक मेणबत्ती, जाड कागदाचे वर्तुळ, आगपेटी.

कृती : सायकलच्या चाकाचा स्पोक घेऊन त्याचे एक टोक दगडावर घासून टोकदार करावे. दुसरे टोक ओल्या मातीच्या गोळ्यात उभे बसवावे. म्हणजे हा स्पोक सरळ उभा राहील व त्याचे टोक वर राहील. या टोकावर कागदाचे वलय ठेवावयाचे आहे.

वलय तयार करण्यासाठी जाड कागदाचे एक वर्तुळ कापून घ्यावे. त्याला आकृतीत दाखविल्याप्रमाणे कापत कापत मध्यबिंदूपर्यंत न्यावे. या वलयाचा मध्यबिंदू स्पोकच्या वरच्या टोकावर ठेवावा. बाकीचे वलय लांबट होईल व स्पोकभोवती लोंबत राहील. आगपेटीने मेणबत्ती पेटवून वलयाखाली ठेवावी. मेणबत्तीच्या ज्योतीमुळे वलय पेटणार नाही याची दक्षता घ्यावी. जोपर्यंत मेणबत्ती पेटलेली आहे तोपर्यंत कागदाचे वलय स्पोकभोवती फिरत राहील.

(**तत्त्व :** मेणबत्तीच्या ज्योतीमुळे हवा गरम होऊन हलकी होते व वर जाते त्यामुळे वलयाला गती मिळते.)

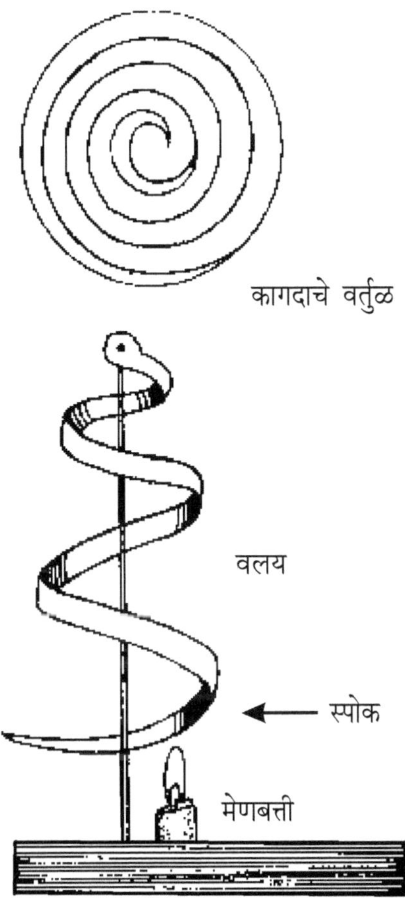

□ □ □

पॅराशुट तयार करणे

लागणारे सामान : वीतभर लांबीरुंदीचा प्लॅस्टिकच्या नरम कॅरीबॅगच्या कागदाचा तुकडा, दोरा, बाहुली.

कृती : वीतभर लांबी-रुंदी असलेला प्लॅस्टिकच्या कागदाचा चौरस तुकडा घ्या. त्याच्या चार कोपऱ्यावर समान लांबीचे चार दोरे बांधा. या दोऱ्यांची मोकळी टोके एकत्र करून तेथे एक छोटी बाहुली बांधा.

प्लॅस्टिकचा कागद, दोरे व बाहुली एकत्र जमा करून त्यांना हाताने जोरात आकाशात फेका. वरून खाली येताना पॅराशुटची छत्री उघडते व हवेवर तरंगत तरंगत पॅराशुट हळूहळू खाली येते.

पॅराशुटच्या वरच्या टोकाला बारीक छिद्र पाडले तर पॅराशुट शांतपणे खाली उतरते.

(**तत्त्व :** पॅराशुट खाली येताना त्याला हवेचा अडथळा होतो म्हणून ते हळूहळू खाली उतरते.)

□ □ □

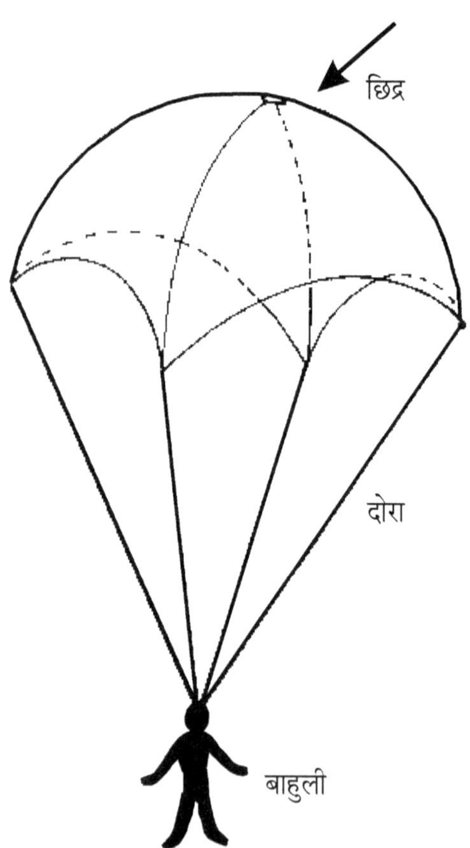

पट्टीची भिंगरी तिला बाणाचे शेपूट

लागणारे सामान : जाड कागदाची पट्टी, बांबूची कामटी, दोन टाचण्या, बॉलपेनच्या रिफीलचा तुकडा, काचेचा गोल मणी.

कृती : पेन्सिलएवढी जाड व गोल बांबूची कामटी घ्या. तिच्या एका टोकाला उभी खाच पाडून त्यात एक जाड कागदाचे त्रिकोणी शेपूट बसवा.

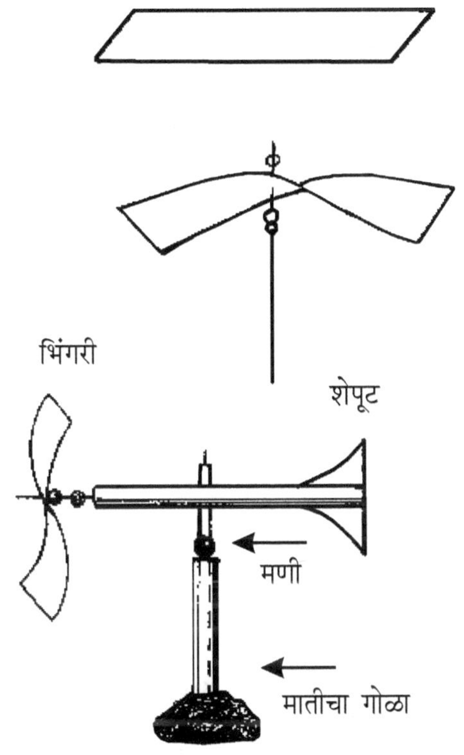

कामटीच्या दुसऱ्या टोकाला टाचणीच्या साहाय्याने कागदाची पट्टी बसवा. या पट्टीला दोन्ही बाजूने किंचित पीळ देऊन वाकवा. म्हणजे तिची भिंगरी तयार होईल. पूर्ण कामटीच्या वजनाचा मध्य काढा. व तेथे कामटी उभी फाकवून त्यात रिफीलचा तुकडा उभा बसवा.

ओल्या मातीचा गोळा घेऊन त्याची बैठक बनवा. त्यात एक कामटी उभी बसवा. कामटीच्या वरच्या टोकात एक टाचणी बसवा. तिच्यात काचेचा मणी ओवा. या मण्यावर पहिल्या कामटीची रिफील ठेवा. या गुळगुळीत मण्यावर आडवी कामटी सहज फिरू शकेल. हवेमुळे भिंगरी फिरेल व त्रिकोणी शेपटामुळे भिंगरीचे तोंड नेहमी हवेकडे राहील.

(**तत्त्व :** भिंगरीच्या तिरप्या पात्याला हवा लागली की, त्याला गती प्राप्त होते.)

□ □ □

स्टेथॉस्कोपने हृदयाची धडधड ऐका

लागणारे सामान : बुटपॉलिशची रिकामी डबी किंवा तेवढ्याच आकाराची प्लॅस्टिकची उथळ वाटी; कानाच्या छिद्रात बसतील एवढ्या जाड दोन नळ्या, रबरी फुगा, दोरा.

कृती : प्लॅस्टिकच्या वाटीला बुडाकडून दोन छिद्रे शेजारी शेजारी पाडा. छिद्रे पाडण्यासाठी खिळा गरम करून टोचा. या छिद्रात दोन नळ्याची दोन टोके दाबून बसवा. वाटीच्या तोंडाला फुग्याचे रबर ताणून बसवा व दोऱ्याने वेढे मारून घट्ट बांधून घ्या.

बुटपॉलिशची डबी असेल तर तिचे झाकण काढून टाकावे. डबीच्या बुडात

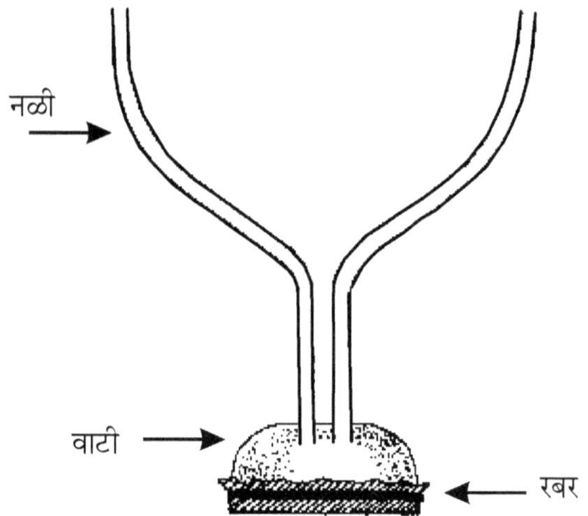

दोन छिद्रे पाडावी. या छिद्रात दोन रबरी नळ्या घट्ट दाबून बसवा. डबीच्या तोंडात फुग्याचे रबर ताणून बसवा व दोऱ्याने बांधून घ्या.

रबरी फुग्याचे झाकण छातीला लावायचे व नळ्याची टोके कानात बसवायची की झाले तुम्ही डॉक्टर. तुमच्या मित्राच्या छातीतील धडधड तुम्हाला स्पष्ट ऐकता येईल किंवा तुमच्या छातीतील धडधड तुमच्या मित्राला ऐकता येईल.

(**तत्त्व :** डबीतील हवा छातीतील धडधडीमुळे कंप पावते व हे कंपन नळीतून कानापर्यंत पोहचते.)

□ □ □

हवेत हलणारे मासे – पक्षी

लागणारे सामान : पातळ पुठ्ठा, बॉलपेनची रिकामी नळी, लांब जाड सुई, चिकटपट्टी

कृती : उडणाऱ्या पक्ष्याची आकृती जर छापलेली मिळाली. तर ठीक नाहीतर हाताने पातळ पुठ्ठ्यावर उडणारा पक्षी काढून घ्यावा व त्याला रंगाने

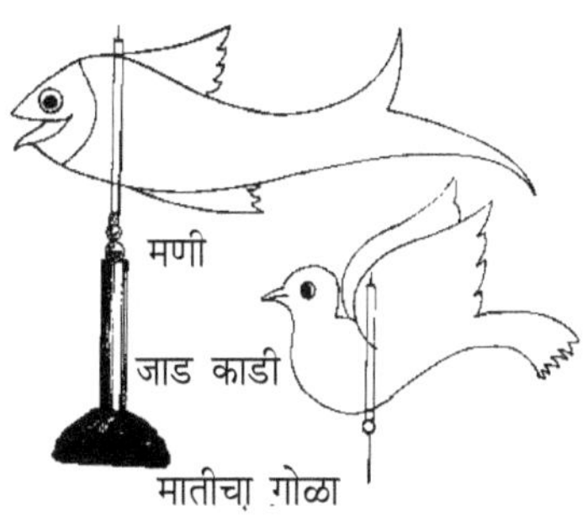

रंगवून घ्यावे व त्याला पुठ्ठ्यापासून कापून अलग करावे. हा पक्षी उभा धरून चोचीकडच्या बाजूकडून कमी अंतर ठेवून व शेपटाकडून जास्त अंतर सोडून त्या ठिकाणी बॉलपेनच्या नळीचा तुकडा उभा धरावा. नळीची वरची व खालची दोन्ही टोके पक्ष्याच्या आकाराबाहेर आली पाहिजेत. नळी पुठ्ठ्याला चिकटपट्टीने चिकटवून पक्की बसवा.

एका मोठ्या ओल्या मातीच्या गोळ्यात एक जाड काडी उभी बसवावी. काडीचे वरचे टोक सपाट करावे व त्या सपाट टोकाच्या मध्यभागी लांब सुई दाबून बसवावी. या सुईत एक काचेचा मणी ओवून घ्यावा. या मण्याच्या वर नळी लावलेला पक्ष्याचा आकार ठेवावा. उभी सुई बॉलपेनच्या नळीत अगदी सहज घुसली पाहिजे. त्या सुईच्या भोवताली नळी सहज फिरली पाहिजे.

मातीच्या गोळ्यासकट पक्षी उचलून मोकळ्या हवेत किंवा घराच्या गच्चीवर ठेवा. जिकडून हवा येत असेल तिकडे पक्ष्याचे तोंड राहील व हवा जिकडे जात आहे तिकडे पक्ष्याचे शेपूट राहील. हवा जशी फिरेल तसा पक्षी फिरेल.

पक्ष्याच्या ऐवजी मासोळीचा आकार कापून घेऊन तो वापरला तरी चालतो. जिकडे मासोळीचे तोंड असेल तिकडून हवा येत आहे. जिकडे शेपूट आहे तिकडे हवा जात आहे हे समजेल.

□ □ □

तयार करण्यास सोपे– फिरण्यास सुलभ!

लागणारे सामान : एक कोरा कागद किंवा सेंच्युरी पेपर.

कृती : कागद चौरसाकृती करून घेण्यासाठी कागदाला घडी घाला व बाजूची पट्टी कापून टाका. समोरासमोरचे कोपरे जोडून कागदाला घडी घाला. कागद पूर्ण उलगडा. कागदाच्या मध्यभागी एक मोठे छिद्र पाडा. कोपऱ्यापासून या छिद्राच्या थोडे दूरपर्यंत कागद कापा. छिद्रापर्यंत येऊ देऊ नका. कागदाचे चार भाग तयार झाले. प्रत्येक भागावर उजव्या कोपऱ्यावर एक एक छिद्र पाडा.

प्रत्येक छिद्राजवळ थोडा थोडा डिंक लावा. चारही पाकळ्या छिद्रावर छिद्र येईल याप्रमाणे एक एक करून चिकटवून टाका. या छिद्रात समोरून एक बाभळीचा काटा घालून पाठीमागच्या छिद्रातून ज्वारीच्या धांड्याचा तुकडा घालावा. शहरात ज्वारीचा धांडा मिळणार नाही. मग त्यासाठी बांबूची कामटी वापरावी.

सगळी तयारी झाल्यावर काडी हातात धरून मोकळ्या मैदानात जिकडून वारा येतो तिकडे भिंगरीचे तोंड करावे. भिंगरी गरगर फिरू लागेल.

फिरण्यास सुलभ भिंगरी

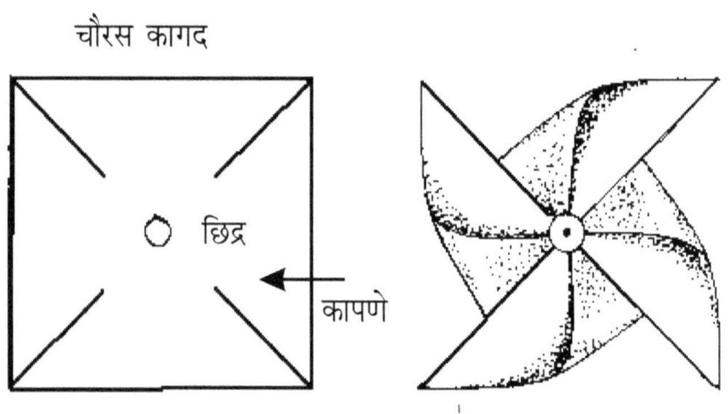

ग्लायडर तयार करणे

लागणारे सामान : पांढरा कागद.

कृती : बाजारात मिळणारा फुलस्केप कागद आणा. त्याचे दोन समान तुकडे करा. त्यातील एक तुकडा घ्या. त्याला मधोमध उभी घडी घाला. घडी उकला. रुंदीचे दोन कोपरे उभ्या घडीच्या रेषेला टेकेपर्यंत वाकवा. व त्यांची घडी घाला. आकृती २. तयार झालेल्या टोकदार भागाची टोके मधल्या रेषेवर टेकेपर्यंत घडी घाला. आकृती ३. आता हा कागद पुन्हा चौकोनी तयार झाला. आकृती ४ प्रमाणे पुन्हा याच्या दोन कोपऱ्यांची घडी घाला व ते चिकटवा.

पूर्ण कागद उलटा करा व त्याची उभी घडी घाला. दोन्ही घड्यांची पुन्हा एक एक घडी घाला. तुमचे ग्लायडर तयार झाले. त्याला उडविण्यासाठी खालच्या बाजूने धरून वर फेका. ते हळूवार हवेवर तरंगत तरंगत खाली उतरते.

ग्लायडर तयार करणे

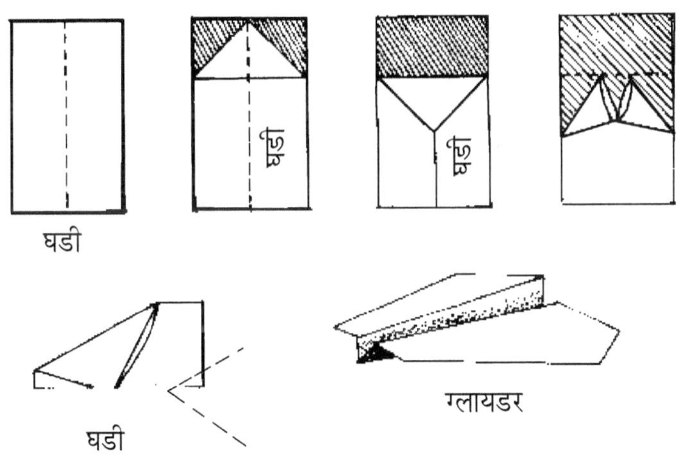

पतंग तयार करणे

चांगला पतंग तयार करता येणे व तो उडविणे ही एक कला आहे. सर्व साहित्य जरी तेच असले तरी प्रत्येक पतंग चांगला उडेलच याची खात्री नसते. म्हणून खालील प्रमाणे पतंग तयार करावा. तो हमखास चांगला उडतो.

साहित्य : बारीक बांबूच्या कामट्या, पातळ पण मजबूत कागद.

कृती : आकृतीत दाखविल्याप्रमाणे पातळ कागद दुहेरी करून घ्यावा व त्याचा आकार कापावा.

नंतर कागद उलगडावा म्हणजे दोन्हीकडून सारखा आकार तयार होईल. पतंगाला मध्यभागी एक सरळ कामटी लावलेली असते. ती सरळ पण बारीक असावी वरच्या बाजूला अर्धगोलाकार कामटी बसवावी. ही कामटी जुने बांबूचे टोपले असतात त्याची काढली तरी चालते. ही कामटी अगदी बारीक, लवचिक व मजबूत असावी. ही जर कमजोर असेल तर लवकर मोडते म्हणून ही कामटी चांगली असावी. ही कामटी जाड आणि लवकर न वाकणारी असेल तर पतंग उडत नाही. म्हणून पतंग चांगला उडणे याच कामटीच्या लवचिकतेवर अवलंबून असते. कामट्या चिकटविण्यासाठी कागदाच्या चौकोनी चिठ्ठ्यांना फेव्हीकॉल लावून चिकटवावे. दोन कामट्यांच्या जोडावर एक जाड दोरा बांधावा. खालच्या बाजूला दुसरा दोरा बांधावा. दोन्ही दोऱ्यांची टोके एकत्र धरून हवेमध्ये धरावे. पतंग स्थिर झाला तर दोन्ही दोऱ्यांची गाठ पाडावी व तेथे रिळाचा लांब दोरा बांधावा.

पतंग उडविण्यासाठी मंद हवा असलेल्या पटांगणावर जावे.

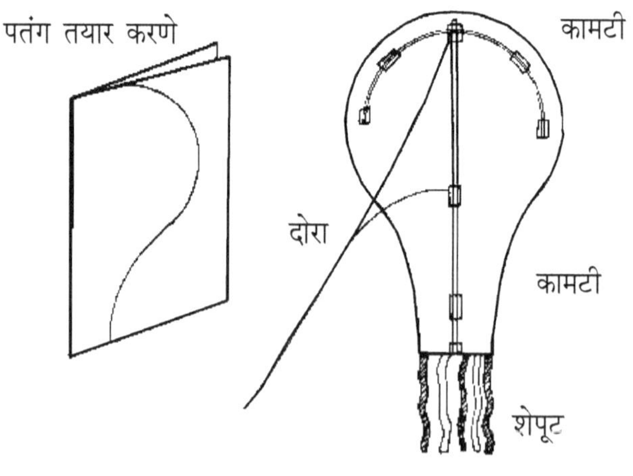

□ □ □

फुंकरीने वस्तू उचलणे

लागणारे सामान : प्लॅस्टिकची पिशवी, स्केचपेनची रिकामी नळी, दोरा, काही जाड पुस्तके.

कृती : कपडे धुण्याच्या पावडरची किंवा मिठाची रिकामी प्लॅस्टिकची पिशवी घ्या. तिच्या एकाच कोपऱ्यात छिद्र असावे. या छिद्रात स्केचपेनची नळी घुसवावी व वरून दोऱ्याने घट्ट आवळून बांधावे.

ही पिशवी टेबलाच्या काठावर ठेवावी. पिशवीवर ३, ४ जाड पुस्तके ठेवावी. नळीतून पिशवीत हवा फुंकावी. पुस्तके जरी जाड आहेत तरी ती सहज वर उचलली जातात.

(**तत्त्व :** हवेचा दाब पूर्ण पिशवीभर पसरतो व त्यामुळे वजन उचलले जाते.)

उष्णतेने फुगणारा फुगा

लागणारे सामान : अरुंद तोंडाची शिशी, फुगा, मेणबत्ती.

कृती : एक अरुंद तोंडाची उभट बाटली घ्या. तिच्या तोंडास बाजारातील रबरी फुगा बसवा. मेणबत्ती पेटवून शिशी गरम करा. थोड्याच वेळात शिशीच्या तोंडात बसविलेला फुगा फुगलेला दिसतो. शिशी थंड झाल्यावर फुग्याचा आकार पुन्हा लहान होतो.

मेणबत्ती नसल्यास– शिशी गरम पाण्यात तिच्या गळ्यापर्यंत बुडवावी म्हणजे फुगा फुगेल. नंतर गरम पाण्यातून काढून थंड पाण्यात बुडवावी म्हणजे फुगा लहान होईल. अशा प्रकारे आलटून पालटून गरम पाणी, थंड पाणी वापरून फुगा लहान, मोठा करता येईल.

(**तत्त्व :** उष्णतेमुळे शिशीतील हवा गरम होऊन प्रसरण पावते व ती फुग्यात जाते व फुगा फुगतो.)

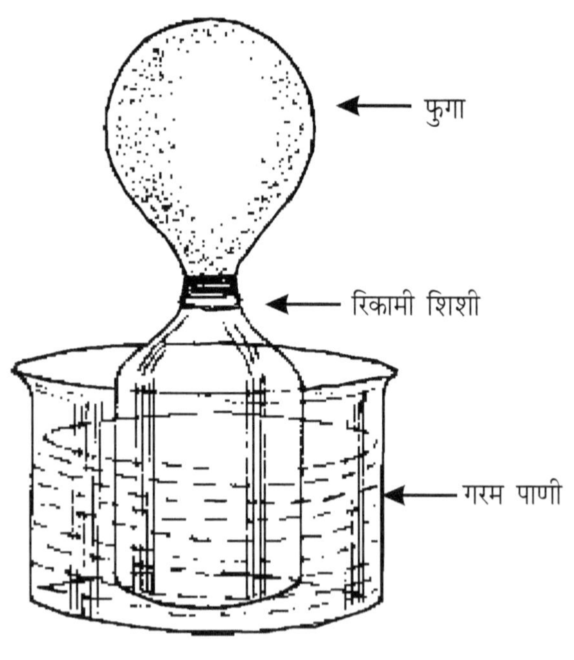

◻ ◻ ◻

पेला उलटला तरी पाणी सांडत नाही

लागणारे सामान : एक काचेचा पेला, पाणी, एक कागद.

कृती : एका काचेच्या पेल्यात अगदी काठोकाठ पाणी भरा. ह्या पेल्याच्या तोंडावर एक मजबूत कागद ठेवा. पाण्यामुळे तो पेल्याच्या काठाला चिकटला तरी चालतो. कागदावर डाव्या हाताचा तळवा दाबून धरून उजव्या हाताने पेला झटकन उलटा करा व डावा हात कागदाखालून हळूच काढून घ्या. पेल्यातील पाणी खाली पडत नाही व कागदसुद्धा पेल्याच्या तोंडाला घट्ट चिकटून बसतो.

(**तत्त्व :** हवेचा दाब कागदाला खालून वर दाबतो व त्यामुळे कागद पेल्याला घट्ट चिकटतो त्यामुळे पाणी सांडत नाही.)

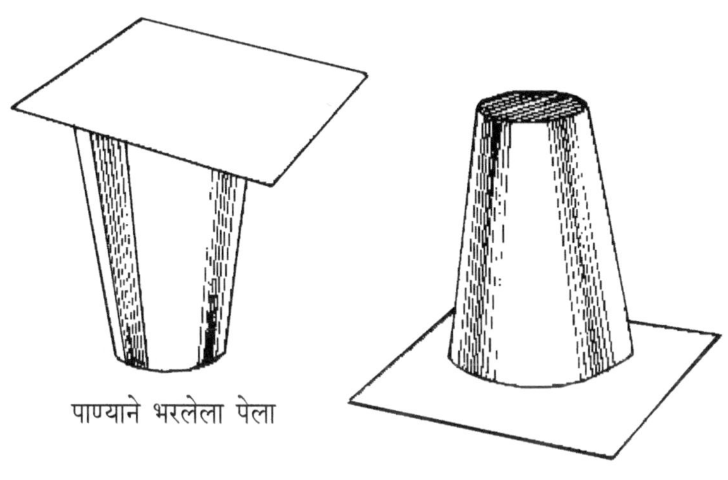

पाण्याने भरलेला पेला

☐ ☐ ☐

मेणबत्ती केव्हा विझते ?

लागणारे सामान : एक बशी, दिव्याची काच, मेणबत्ती, पाणी

कृती : एका बशीत मध्यभागी एक मेणबत्ती उभी करा. तिला आगपेटीने पेटवा. तिच्यावर दिव्याची काच ठेवा. थोड्याच वेळात मेणबत्ती विझते. काच काढून घ्या. तीन लहान दगड मेणबत्तीच्या भोवती ठेवा. मेणबत्ती पेटवा. तीन लहान दगडावर टेकेल अशी दिव्याची काच ठेवा. आता मेणबत्ती न विझता उलट चांगली पेटलेली दिसते.

आता बशीत पाणी टाका व पाण्याची पातळी दिव्याच्या काचेच्या खालच्या बाजूपेक्षा वर येऊ द्या. थोड्याच वेळात मेणबत्ती विझते.

आकृतीत दाखविल्याप्रमाणे पातळ पत्र्यापासून इंग्रजी 'टी' या अक्षराचा आकार कापून घ्या व मेणबत्ती पुन्हा पेटवून दिव्याच्या काचेच्या तोंडावर हा आकार ठेवा. या वेळेस मात्र मेणबत्ती विझत नाही.

दोन वेळा मेणबत्ती विझली व दोन वेळा विझली नाही. याचे कारण शोधून काढण्याचा प्रयत्न करा.

(**तत्त्व :** मेणबत्तीला खालून ऑक्सिजन मिळाला तर ती पेटत राहते. तो बंद झाल्यास विझते.)

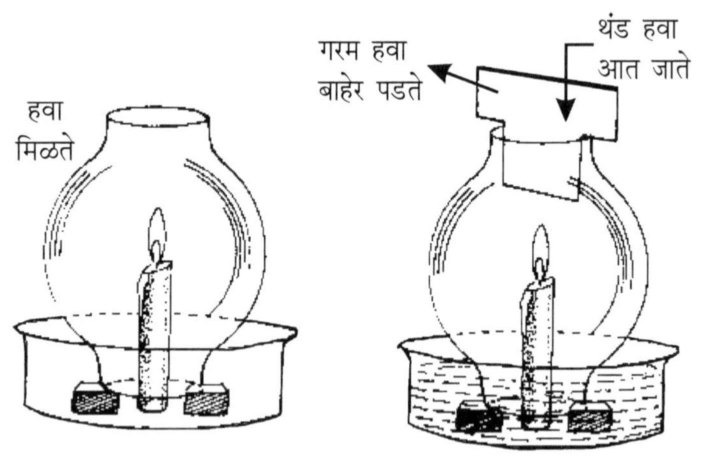

□ □ □

मेणबत्ती विझते – पाणी वर चढते

लागणारे सामान : मेणबत्तीचा तुकडा, आगपेटी, काचेचा पेला, पाणी, खोल बशी.

कृती : खोल बशीच्या मध्यभागी मेणबत्तीचा तुकडा उभा चिकटवून पक्का करा. बशीत पाणी टाका. आगपेटीच्या साहाय्याने मेणबत्ती पेटवा. मेणबत्ती चांगली पेटल्यावर काचेचा पेला हातात उलटा धरून मेणबत्तीवर झाकण ठेवल्याप्रमाणे बशीत ठेवून घ्या. मेणबत्तीची ज्योत हळूहळू कमी होत जाते व शेवटी विझते. मेणबत्ती विझल्याबरोबर काचेच्या पेल्याकडे पाहा. पूर्वी पेला रिकामा होता. आता पेल्यात बशीतील पाणी घुसले आहे व बशीतील पाण्यापेक्षा पेल्यातील पाणी वर चढले आहे असे दिसेल.

(**तत्त्व :** मेणबत्तीच्या ज्वलनासाठी पेल्यातील ऑक्सिजन खर्च होतो. त्याची रिकामी जागा भरण्यासाठी बशीतील पाणी पेल्यात चढते.)

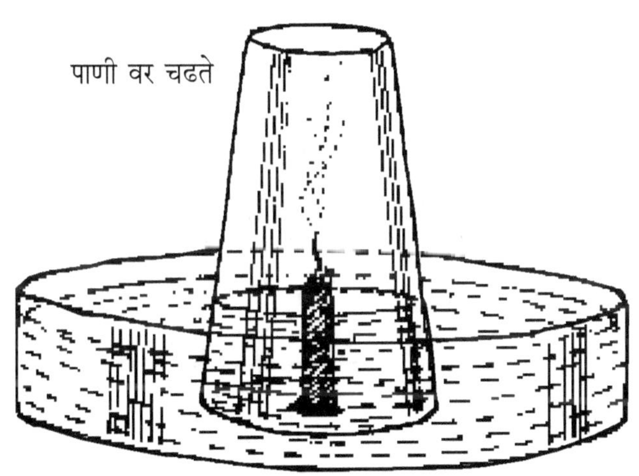

□ □ □

चिकटणारे पेले

लागणारे सामान : दोन काचेचे सारख्या आकाराचे पेले, ब्लॉटिंग पेपरचा तुकडा.

कृती : एक काचेचा पेला घ्या. त्याच्या तोंडाच्या परिघापेक्षा मोठा असणारा एक ब्लॉटिंग पेपर घ्या. त्याला मध्यभागी गोल छिद्र पाडा. हा कागद ओला करून पेल्याच्या तोंडावर पसरून ठेवावा. काही कागदाचे कपटे पेटवून त्या पेल्यात टाका. हे कपटे जळत असतानाच दुसरा काचेचा पेला उलटा करून ब्लॉटिंग पेपरच्या वरून पहिल्या पेल्याच्या वर दाबावा. पेटलेला कागद विझून गेल्यावर वरचा पेला उचलून पाहावा. गंमत अशी होते की, वरच्या पेल्याबरोबर खालचा पेलासुद्धा चिकटून वर येतो.

(**तत्त्व :** कागदाच्या जळण्यामुळे पेल्यातील ऑक्सिजन खर्च होतो. बाहेरील हवेच्या दाबामुळे पेले एकमेकांना घट्ट चिकटतात.)

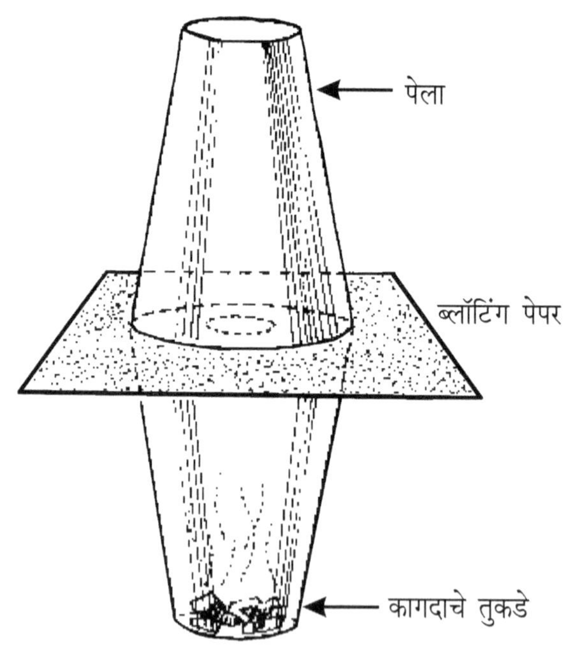

□ □ □

सरकणारा पेला

लागणारे सामान : एक मोठी सपाट काच, काचेचा पेला, मेणबत्ती

कृती : एक मोठी काच घेऊन तिला टेबलावर सपाट ठेवा. काचेच्या एका बाजूकडून खालच्या बाजूने एखादा लाकडी ठोकळा लावून तो भाग उंच करा. अशा तऱ्हेने तयार झालेल्या उतरणीवर एक काचेचा किंवा स्टीलचा पेला उलटा ठेवा. त्याला हात न लावता तो सरकविता येत नाही.

पण सपाट काच पाण्याने ओली करून घेऊन पेला सुद्धा ओला करून घ्या. पेला काचेवर उलटा ठेवा. एक मेणबत्ती पेटवून पेल्याजवळ आणा. थोड्याच वेळात पेला उतरणीवरून खाली घसरू लागतो.

उन्हाळ्याच्या दिवसात पेल्याजवळ मेणबत्ती आणण्याची गरज पडत नाही. पेला ओला करून काचेवर ठेवल्यावर थोड्याच वेळात तो आपोआप खाली घसरू लागतो.

(**तत्त्व :** पेल्यातील हवा गरम झाल्याने पेला किंचित वर उचलला जातो व उतारावरून खाली घसरतो.)

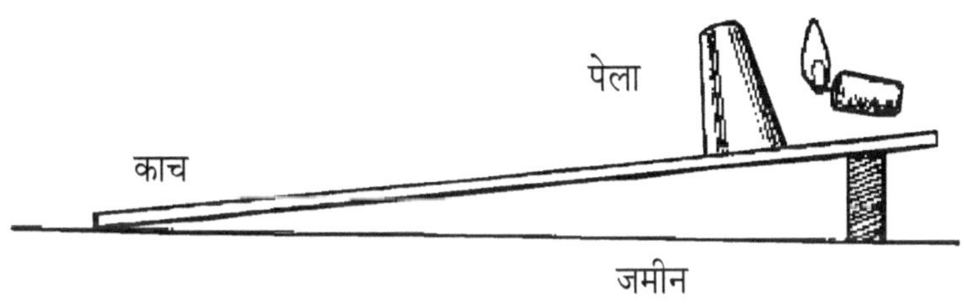

□ □ □

पाणी

कारंज्यावरील चेंडू

लागणारे सामान : लांब रबरी नळी, टिनाचा मोठा डबा, बारीक टोकाची नळी, छोटा पिंगपाँगचा (टेबल टेनिसचा) चेंडू.

कृती : एक टिनाचा डबा घेऊन त्याच्या बुडाला रबरी नळीच्या आकाराएवढे छिद्र पाडा. व त्या छिद्रात रबरी नळीचे एक टोक दाबून बसवावे. बारीक टोकाची नळी घेऊन ती नळी रबरी नळीच्या दुसऱ्या टोकात बसवावी. डब्यात पाणी भरून डबा उंचावर टांगावा. रबरी नळी खाली नेऊन तिचे टोक वरच्या दिशेकडे करावे. त्यातून पाण्याची बारीक धार वरच्या दिशेकडे उडते. त्या धारेवर टेबल टेनिसचा चेंडू सोडावा. चेंडू खाली न पडता धारेवर तरंगत फिरत राहतो. पाण्याची धार उंच असेल तर चेंडू वर जाईल व धार ठेंगणी असेल तर चेंडू खाली येईल. धार उंच राहण्यासाठी डब्यात वारंवार पाणी टाकीत जावे. रंगीत पाणी वापरले तर आणखी छान दिसेल.

(**तत्त्व :** पाण्याच्या धारेच्या पृष्ठताणामुळे चेंडू धारेवरच फिरत राहतो.

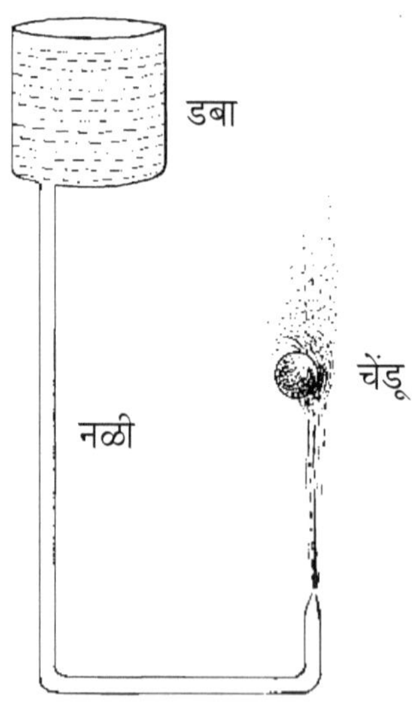

शिशीतील कारंजे

लागणारे सामान : सलाईनची एक शिशी, सलाईनच्या दोन नळ्या,रंगीत पाणी, शिशी बांधण्यासाठी दोरी.

कृती : सलाईनची रिकामी शिशी घेऊन तिच्या रबरी बुचाला दोन छिद्रे पाडा. एका छिद्रातून लांब नळी आत घाला. दुसऱ्या छिद्रातून आखूड नळी घाला. ही शिशी उलटी करा व दोरीने बांधून भिंतीला लटकावून घ्या.

बुचाच्या बाहेर नळीची टोके आहेत त्यांना सलाईनच्या नळ्या जोडा. जी नळी शिशीत लांब आहे तिला बुचाबाहेरची आखूड नळी जोडा. व जी नळी शिशीत आखूड आहे तिला बुचाबाहेर लांब नळी जोडा.

आखूड नळी एका भांड्यात सोडावी व त्यात रंगीत पाणी भरावे. दुसरी लांब नळी खाली जमिनीवर सोडावी किंवा दुसऱ्या भांड्यात सोडावी.

लांब नळीतून तोंडाने हवा आत ओढावी. भांड्यातील रंगीत पाणी सलाईनच्या शिशीत पडते. नंतर लांब नळी खाली सोडली तरी शिशीत रंगीत पाण्याची धार उडणे सुरूच राहते.

(**तत्त्व :** शिशीतील रिकामी जागा भरण्यासाठी भांड्यातील पाणी वर चढते. वक्रनलिकेचे तत्त्व.)

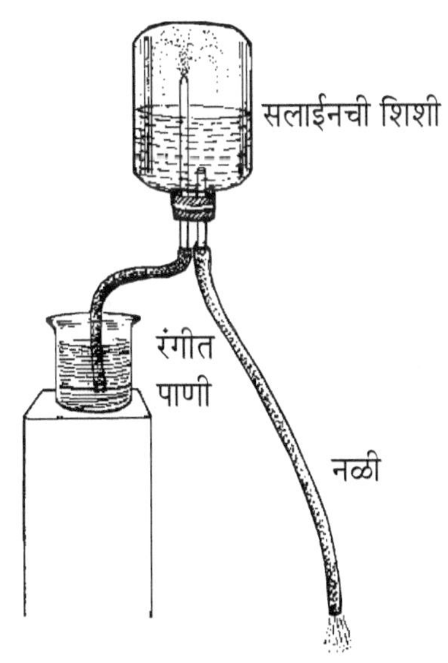

❑ ❑ ❑

साबणाचे फुगे, लहान मोठे-मोठे

लागणारे सामान : एक मोठी वाटी किंवा मग, डोक्याला लावण्याच्या शांपूची पुडी, बॉलपेनची रिकामी नळी, स्केचपेनची रिकामी नळी, रॉकेल भरण्याची चाडी किंवा नसराळे, पाणी.

कृती : वाटीत किंवा मगमध्ये थोडासा शाम्पू काढून घ्या. त्यात थोडे पाणी टाकून बोटाने घोटून एकजीव करा. जास्त घट्ट असेल तर पाणी टाकून पुन्हा बोटाने एकजीव करा. ह्या मिश्रणात बॉलपेनच्या नळीचे टोक बुडवून बाहेर काढा व दुसऱ्या बाजूने फुंका. नळीच्या टोकाशी शांपूचा फुगा तयार होतो.

स्केचपेनची नळी वापरून फुगा तयार केला तर मोठा फुगा तयार होतो. पाईपचा छोटा तुकडा वापरून फुगा तयार केल्यास आणखी मोठा फुगा तयार होतो.

रॉकेलची चाडी वापरून फुगा तयार केला तर तो अतिशय मोठा तयार होतो. शांपू नाही मिळाला तर कपडे धुण्याची पावडर पाण्यात टाकून त्या पाण्यापासून फुगे तयार करता येतात.

लहान लहान पण पुष्कळ फुगे तयार करावयाचे असतील तर आकृतीत दाखविल्याप्रमाणे तार वाकवून घ्यावा व त्याला बॉलपेनची रिकामी नळी दोऱ्याने बांधावी. तारेची गोल रिंग साबणाच्या पाण्यात बुडवून बाहेर काढावी व नळीतून हवा फुंकावी. तारेच्या रिंगमधून एकामागून एक याप्रमाणे अनेक फुगे बाहेर पडून हवेत तरंगू लागतात.

□ □ □

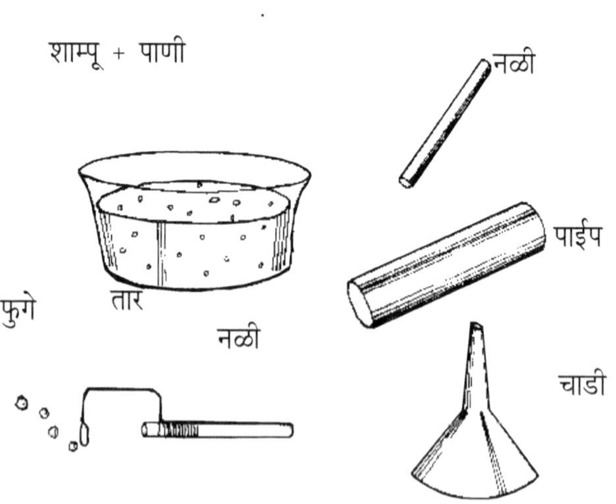

फिरणारे मासे, चालणारी होडी

लागणारे सामान : थर्माकोलचे पातळ तुकडे, टूथपेस्ट. पाण्याचे पसरट ताट.

कृती : बऱ्याच वेळा आपल्या घरातील वडीलधारी मंडळी थर्माकोलपासून काही वस्तू तयार करतात व थर्माकोलचे बारीक तुकडे फेकून देतात. हे लहान तुकडे आपण खेळण्यासाठी उचलून घेऊ.

थर्माकोलचा एक लहान तुकडा घेऊन त्याला कापून किंवा घासून होडीच्या बुडाचा आकार द्या. समोरचा भाग टोकदार व मागील भाग सपाट असला तरी चालेल. ह्या आकाराच्या मध्यभागी एका ज्वारीच्या दाण्याएवढे छिद्र पाडा. ह्या छिद्रापासून मागील टोकापर्यंत ब्लेडच्या साहाय्याने दोन समांतर रेषा ओढा. ह्या समांतर रेषामधील थर्माकोल काढून टाका. त्यामुळे छिद्रापासून मागील टोकापर्यंत एक भेग किंवा चीर तयार होईल.

थर्माकोलच्या वरच्या बाजूला थर्माकोलचेच पातळ शीड टाचणीने टोचून उभे करा. एका रुंद ताटात पाणी घ्या. टूथपेस्टच्या ट्युबमधून पेस्टचा एक थेंब होडीच्या मध्यभागी असलेल्या छिद्रात सोडा. ही होडी ताटातील पाण्यावर ठेवा. टूथपेस्टच्या थेंबाला पाण्याचा स्पर्श झाल्याबरोबर ही होडी वेगाने ताटात गोल गोल फिरू लागते.

अशाच प्रकारे पातळ थर्माकोलपासून माशांचे विविध आकार कापून घेऊन त्यांना वरील कृती करून पाण्यात सोडले असता ते सुद्धा पाण्यात फिरू लागतात.

(**तत्त्व :** टूथपेस्ट पाण्यात विरघळते व तिचा प्रवाह मागे जातो. मासे पुढे सरकतात.)

□ □ □

गोळ्या फिरती चौफेर - सरबत निघेना बाहेर

लागणारे सामान : लिंबाचा रस, खाण्याचा सोडा, पाणी, डांबर गोळ्या, मोठी शिशी, रबरी बुचासहित मोठी सलाईनची रिकामी शिशी, प्लॅस्टिकची नळी, सरबत.

कृती :- एका शिशीत पाणी घ्या. ह्या पाण्यात खाण्याचा सोडा टाकून हलवा. सोडा विरघळल्यानंतर त्या पाण्यात डांबर गोळ्या टाका. त्या शिशीच्या तळाशी जातील. त्यानंतर शिशीत लिंबाचा रस ओता. लिंबाचा रस ओतल्याबरोबर डांबर गोळ्या वर येतील, पुन्हा खाली जातील पुन्हा वर येतील. हे त्यांचे वर खाली जाणे सारखे सुरू राहील. तुम्ही जरी त्यांना थांबविता म्हटले तरी त्यांचे हिंडणे थांबणार नाही.

दुसरी सलाईनची शिशी घ्या. तिचे बूच व संपूर्ण शिशी आतून बाहेरून पाण्याने स्वच्छ धुऊन घ्या. तिच्यात रंगीत आणि गोड सरबत भरा. थोडेसे सरबत मित्राला चव पाहण्यासाठी द्या. त्याला ते आवडले पाहिजे. नंतर शिशीला रबरी बूच घट्ट बसवा. ह्या बुचाच्या छिद्रातून प्लॅस्टिकची एक नळी आतमध्ये खोचा. ती सरबतात घुसली पाहिजे. ही शिशी तुमच्या मित्राच्या हातात देऊन नळीच्या साहाय्याने सरबत पिण्यास सांगा. तुमच्या मित्राने नळीच्या साहाय्याने कितीही ओढले तरी सरबत त्याच्या तोंडात येणार नाही. तो थकून जाईल.

हीच कृती करून तो तुम्हास सरबत पिण्यास सांगेल. त्यावेळी तुम्ही बॉलपेनची रिकामी नळी रबरी बुचात आरपार घाला. व पहिली नळी तोंडात धरून सरबत ओढणे सुरू करा. दोन मिनिटात तुमची शिशी रिकामी होऊन जाईल.

(**तत्त्व : १** : कार्बन डाय ऑक्साईड गोळ्यावर जमा होतो व त्या वर येतात.)

(**तत्त्व : २** : शिशीत हवा जाण्यास दुसरा मार्ग नसल्याने सरबत बाहेर येत नाही.)

□ □ □

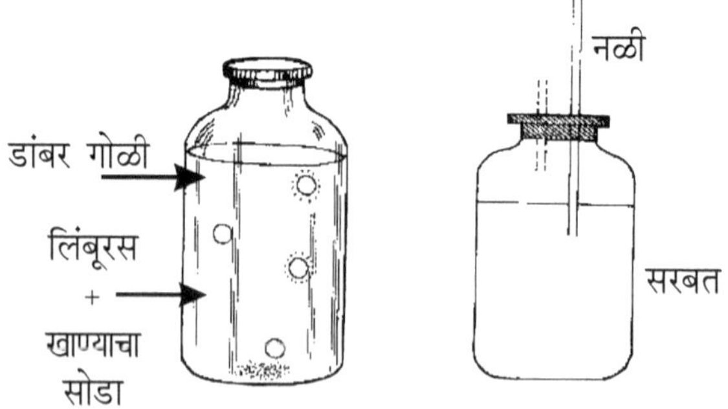

पाहा जमते का ?

लागणारे सामान : ५० पैशाचे नाणे, एक छोटी वाटी, पाण्याने भरलेली बादली.

कृती : एक मोठी बादली घ्या. ह्या बादलीत पाणी भरून घ्या. ५० पैशाच्या नाण्यापेक्षा किंचित मोठी असणारी वाटी घ्या. ही वाटी बादलीतील पाण्यात बुडाशी ठेवा. तुमच्या मित्राच्या हातात ५० पैशाचे नाणे द्या व त्याला बादलीच्या वर हात करून ते नाणे पाण्यातील वाटीत नेम धरून टाकण्यास सांगा. कितीही नेम धरून नाणे पाण्यात टाकले तरी ते पाण्यातील वाटीत पडत नाही. वाटीच्या बाहेरच पडते. तुम्ही सुद्धा प्रयत्न करून पाहा. तुम्हाला सुद्धा जमणार नाही.

(**तत्त्व :** पाण्याच्या वक्रीभवनामुळे नाणे नेमके वाटीत टाकता येत नाही.)

□ □ □

"

विनाखर्चाचा पंप

लागणारे सामान : सलाईनची नळी किंवा कोणतीही लवचिक रबरी नळी, पाणी, टेबल.

कृती : ह्या नळीतून कोणताही खर्च केल्याशिवाय पाण्याची अखंड धार सुरू राहते म्हणून ह्याला विना खर्चाचा पंप असे नाव दिले आहे.

टेबलावर पाण्याने भरलेली बादली ठेवा. ह्या पाण्यात रबरी नळीचे एक टोक बादलीच्या बुडापर्यंत जाईल असे ठेवा. नळीचे दुसरे टोक टेबलाखाली जमिनीवर ठेवा. ह्या टोकातून नळीतील हवा तोंडाने ओढा व नळीचे टोक खाली सोडा. नळीतून पाण्याची धार जोराने पडू लागेल. ही क्रिया बादलीतील पाणी संपेपर्यंत चालू राहील.

उंच ठिकाणावरून द्रव पदार्थ-पाणी, तेल, इत्यादी खाली काढण्यासाठी ह्या नळीचा उपयोग होतो.

(**तत्त्व :** वक्रनलिकेचे तत्त्व.)

□ □ □

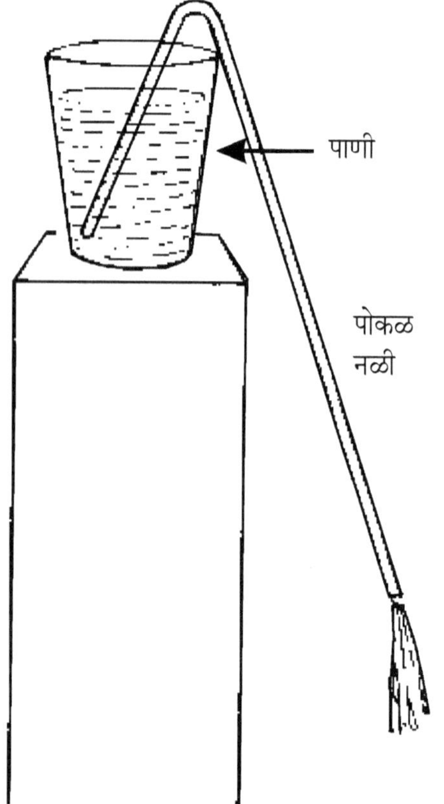

पाणबुड्या

लागणारे सामान : सलाईनची रिकामी शिशी, पातळ रबराचा तुकडा, पाणी, ड्रॉपरचे वरचे टोक.

कृती : थेंब थेंब औषध टाकण्यासाठी किंवा पेनमध्ये शाई भरण्यासाठी ड्रॉपर वापरतात, अशा ड्रॉपरचे रबरी टोक पाणबुड्या म्हणून आपण वापरणार आहोत. सलाईनच्या शिशीत पाणी घ्या. गळ्यापासून वरचा भाग रिकामा असू द्या. या शिशीत ड्रॉपरचे रबरी टोक सोडा. ते सरळ उभे राहिले पाहिजे व त्याचे उघडे टोक खालच्या बाजूने पाहिजे. ह्या शिशीच्या तोंडावर पातळ रबराचा तुकडा ताठ ताणून घेऊन दोऱ्याने पक्का बांधा. शिशीतील हवा बाहेर जाणार नाही व बाहेरील हवा आत घुसणार नाही इतके रबर घट्ट असावे. आता पाणबुड्या पाण्याच्या तळाशी जाण्यासाठी तयार झाला.

शिशीच्या तोंडावर बांधलेल्या रबराला बोटाने दाबताच ड्रॉपरचा पाणबुड्या पाण्यात बुडतो व तळाशी जातो. रबरावरील बोट काढताच ड्रॉपर आपोआप वर येतो. अशा प्रकारे रबरावरील दाब काढून व रबर दाबून पाणबुड्याची हालचाल करता येते.

(**तत्त्व :** रबर दाबल्याने शिशीतील हवेचा दाब वाढतो व पाणी ड्रॉपरमध्ये घुसते. वजन वाढल्याने ड्रॉपर खाली जातो.)

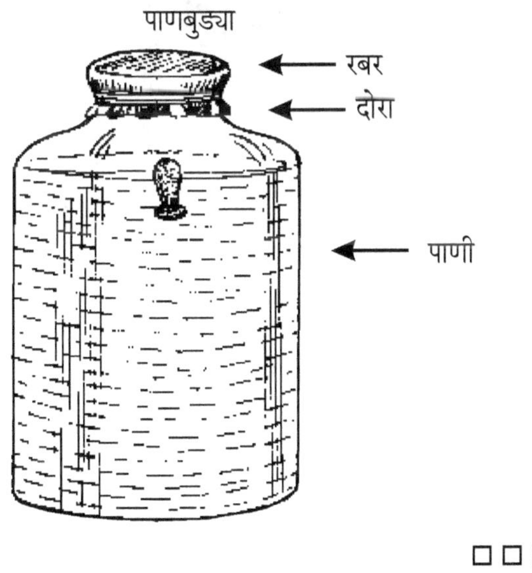

□ □ □

कितीही भरा - पण जात नाही शिशीत

लागणारे सामान : रबरी बूच असलेली शिशी, एक चाडी, पाणी.

कृती : रबरी बूच असलेली शिशी न मिळाल्यास सलाईनची रिकामी शिशी चालेल. शिशीचे रबरी बूच काढून घ्या व त्याला चाडीच्या तोटीएवढे छिद्र पाडून त्यात चाडी घट्ट बसवा. नंतर हे बूच शिशीला घट्ट बसवा. चाडीत पाणी ओता. थोडे पाणी भरले तरी ते शिशीत जात नाही व जास्त भरले तरी ते शिशीत जात नाही. चाडी पाण्याने पूर्ण भरून ठेवली तरी चाडीतील पाणी शिशीत पडत नाही. अशी ही गंमत आहे.

(**तत्त्व :** शिशीतील हवा बाहेर जाऊ शकत नाही त्यामुळे चाडीतील पाणी शिशीत जात नाही.)

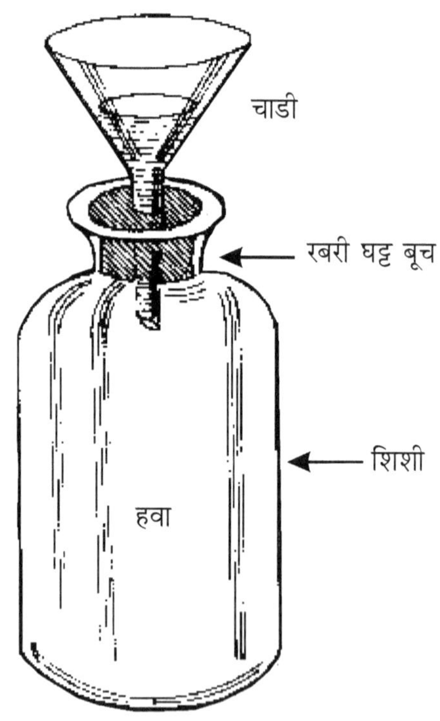

□ □ □

कितीही बुडवा, रुमाल मात्र कोरडाच

लागणारे सामान : पाण्याने पूर्ण भरलेली बादली, एक काचेचा पेला, एक हातरुमाल.

कृती : बादलीतील पाण्यात पूर्ण बुडवून हातरुमाल ओला न होता कोरडाच बाहेर काढण्यास तुम्ही तुमच्या मित्राला सांगा. मित्र विचारात पडेल पण त्याला ते जमणार नाही. पाण्यात बुडविल्यास रुमाल हा ओला होणारच. पण तुम्ही मात्र ते आव्हान स्वीकारू शकता व पूर्ण करू शकता.

प्रथम हातरुमाल घ्या. त्याची बारीक घडी करून काचेच्या रिकाम्या कोरड्या पेल्यात बुडाशी घट्ट दाबून बसवा. पेल्याचे बूड हातात धरून पेला उलटा करा. पेल्यातून रुमाल खाली पडत नाही याची खात्री झाल्यावर हा पेला तसाच उलटा बादलीतील पाण्यात पूर्ण बुडवा. व तसाच थोड्या वेळाने बाहेर काढा. बाहेरून ओला झालेला पेला आतून कोरडाच असतो व त्याच्या बुडाशी असलेला रुमालसुद्धा कोरडाच असतो. तो भिजत नाही.

(**तत्त्व :** पेल्यात असणारी हवा पाण्याला पेल्यात शिरू देत नाही, त्यामुळे रुमाल कोरडाच राहतो.)

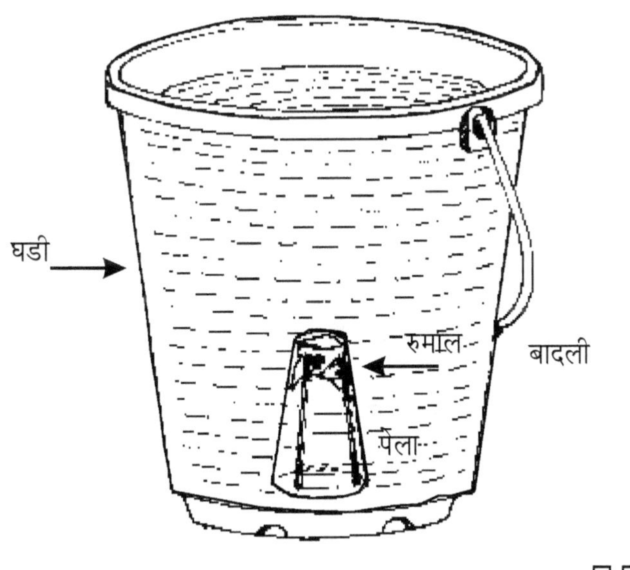

नळ्याचे फवारा यंत्र

लागणारे सामान : स्केचपेनच्या दोन रिकाम्या नळ्या.

कृती : एका वाटीत पाणी घेऊन तिच्यातील पाण्यात एक नळी उभी धरावी. तिच्या वरच्या टोकावर दुसरी नळी आडवी धरावी. उभ्या नळीच्या टोकावर आडव्या नळीचे टोक यावयास पाहिजे.

आडव्या नळीतून हवा फुंका. उभ्या नळीतून पाणी वर चढते व आडव्या नळीसमोर येताच त्याचा फवारा समोर उडतो.

(**तत्त्व :** आडव्या नळीतून फुंकल्यामुळे उभ्या नळीतील हवेचा दाब कमी होतो व पाणी वर चढते.)

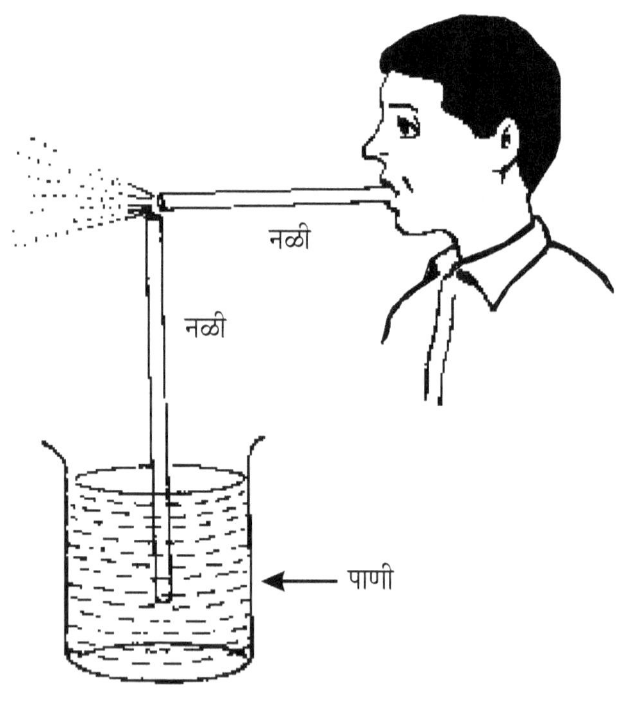

पाणचक्कीचा नमुना

लागणारे सामान : दोरा गुंडाळण्याचे लाकडी रिळ, लांब मोठी सुई, पाणी ठेवण्यासाठी मोठा डबा, पत्र्याच्या पट्ट्या, रबरी नळी.

कृती : रिळाच्या कडेस काटकोनात बारीक करवतीने खाचा पाडून घ्याव्या. त्यात त्याला योग्य अशा आकाराचे पत्र्याचे तुकडे घट्ट बसवा. रिळाच्या मध्यभागी छिद्र आहे. ते प्रथम कागद भरून बंद करा व नंतर त्या कागदात मध्यभागी सुई आरपार घाला. म्हणजे सुई रिळात घट्ट बसेल. तयार झालेली चक्की एका स्टॅंडवर बसवा. ती अगदी सहज फिरली पाहिजे.

डब्याच्या बुडाला छिद्र पाडून त्यात रबरी नळी बसवा. डबा उंचावर ठेवा. नळीचे टोक जमिनीवर आणा. डब्यात पाणी भरा. नळीच्या खालच्या टोकातून पाण्याची जोरदार धार उडते. त्या धारेखाली आपण तयार केलेली चक्की धरा. चक्कीच्या पात्यावर पाण्याची धार पडताच चक्की जोराने फिरू लागते. डब्यात जोपर्यंत पाणी आहे तोपर्यंत चक्की चालू राहते.

(**तत्त्व :** पात्यावर पाण्याची धार पडल्याने पात्याला गती मिळते.)

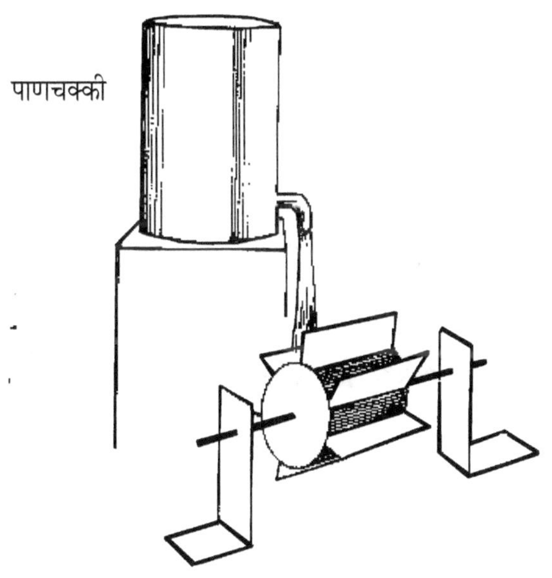

नाव चालली पुढे पुढे!

लागणारे सामान : थर्माकोलचा तुकडा, एक रबरी फुगा, चिकटपट्टी, बॉलपेनची रिकामी नळी.

कृती : थर्माकोलच्या तुकड्यापासून नावेचा आकार कापून घ्या. एक फुगा घेऊन त्याच्या तोंडात बॉलपेनची रिकामी नळी बसवा. नळीवर फुग्याचे तोंड घट्ट बसण्यासाठी दोऱ्याने अनेक वेढे द्या. चिकटपट्टीच्या साहाय्याने फुगा व नळी नावेच्या आकाराला चिकटवून टाका. ही नाव पाण्यात सोडून बघा. नळीचे टोक पाण्यात बुडले पाहिजे. त्यानंतर नाव उचलून घेऊन नळीला तोंड लावून त्यात हवा भरा. फुग्यात बरीच हवा भरल्यावर नळीच्या तोंडावर बोट ठेवून ती बाजूला काढा. नाव हळूच पाण्यावर ठेवा. नळीच्या तोंडावरील बोट बाजूला काढा.

नाव 'बुड-बुड' असा आवाज करीत पुढे पुढे जाऊ लागेल.

(**तत्त्व :** हवा पाण्याला मागे लोटते व त्यामुळे नाव पुढे सरकते.)

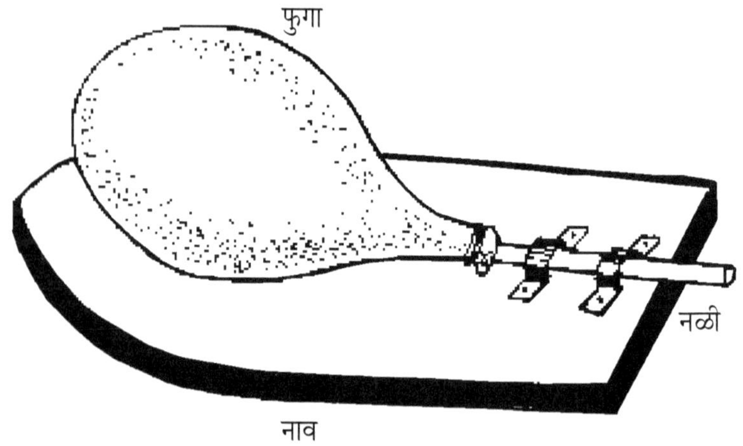

□ □ □

पड म्हटले की; पडणे सुरू

लागणारे सामान : ऑईलपेंटचा रिकामा डबा झाकणासहित, खिळा, हातोडी.

कृती : प्रथम डब्याचे झाकण डब्यापासून काढून घेऊन त्याच्या मध्यभागी खिळ्याने एक छिद्र पाडा. डब्याच्या बुडाला मध्यभागी चार पाच छिद्रे जवळ जवळ पाडा. नंतर डब्याला झाकण घट्ट बसवा.

एका बादलीत पाणी घ्या. त्या पाण्यात हा डबा बुडवा. डब्यात पाणी जाऊ लागेल व आतील हवा बुडबुड आवाज करीत बाहेर निघून जाईल. बुडबुडे निघणे बंद झाल्यावर डबा पाण्याने पूर्ण भरला असे समजावे.

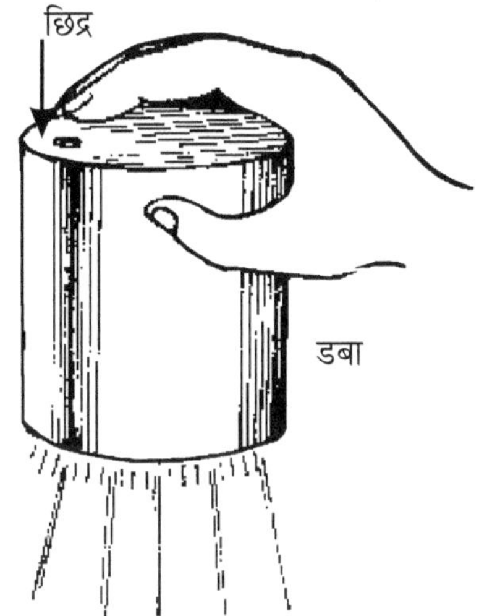

बादलीतील पाण्यातच डबा असताना त्याच्या झाकणाच्या छिद्रावर बोट दाबून ठेवून डबा पाण्याबाहेर काढा. डबा पाण्याने पूर्ण भरलेला आहे पण बुडाकडील छिद्रातून पाणी खाली पडत नाही. ते पाहून तुमच्या मित्रांना गंमत वाटेल.

आता आपल्या मित्रांना सांगायचे की, पाहा मी आता पाण्याला 'पड' असे म्हणतो. डब्यातील पाणी माझे म्हणणे ऐकते व पडणे सुरू होते पाहा. असे म्हणून झाकणाच्या छिद्रावर असलेले बोट किंचित वर उचलावे. पण तुमच्या मित्राच्या लक्षात ते येऊ देऊ नये. 'पड' म्हणताच डब्याच्या खालच्या छिद्रातून चार पाच पाण्याच्या धारा पडणे सुरू होईल. 'बंद' म्हणत असताना झाकणाच्या छिद्रावर बोट घट्ट दाबावे. खालून पडणाऱ्या पाण्याच्या धारा पडणे बंद होईल. अशा प्रकारे पाणी सुरू करताना वरचे बोट ढिले करावे. पाणी बंद करताना बोट घट्ट दाबावे.

(**तत्त्व :** वरच्या छिद्रावरील बोट काढताच बाहेरील हवा डब्यात घुसते व खालच्या छिद्रातून पाणी खाली पडते.)

□ □ □

कितीही व कसेही फिरवा - पाणी सांडत नाही.

लागणारे सामान : रंगाचा रिकामा डबा, दोरी, पाणी.

कृती : ऑईलपेंटचे रिकामे डबे, बोर्नव्हिटाचे रिकामे डबे आपल्या घरात पडलेले असतात. त्यापैकी एक डबा घ्या. ह्या डब्याचे झाकण काढून टाका. डब्याच्या तोंडाजवळच्या काठावर समान अंतरावर तीन छिद्रे पाडा. ह्या छिद्रात दोरीचा एक एक तुकडा घट्ट बांधा. दोरीची उरलेली तीन टोके समान लांबीची ठेवून तेथे गाठ पाडा. ही गाठ हातात धरली म्हणजे डबा सरळ उभा राहिला पाहिजे. ह्या गाठीजवळ दुसरी लांब दोरी घट्ट बांधा. डबा पाण्याने पूर्ण भरा.

लांब दोरी हातात धरून डब्याला मागे पुढे झोके घ्या. झोका मोठा मोठा करीत न्या व पटकन त्याला आपल्या भोवती गरगर फिरवू लागा. झोका देत असताना पाणी सांडले नाही. आणि आता डबा आपल्या डोक्याभोवती फिरत आहे तो आडवा आहे तरी त्याच्यातील पाणी सांडत नाही.

डबा कितीही जोराने कोणत्याही गतीत फिरविला तरी त्याच्यातील पाणी खाली पडत नाही व सांडत नाही.

(**तत्त्व :** गोल फिरविल्यामुळे केंद्रोत्सारी बलामुळे पाणी डब्याला चिकटून बसते त्यामुळे सांडत नाही.)

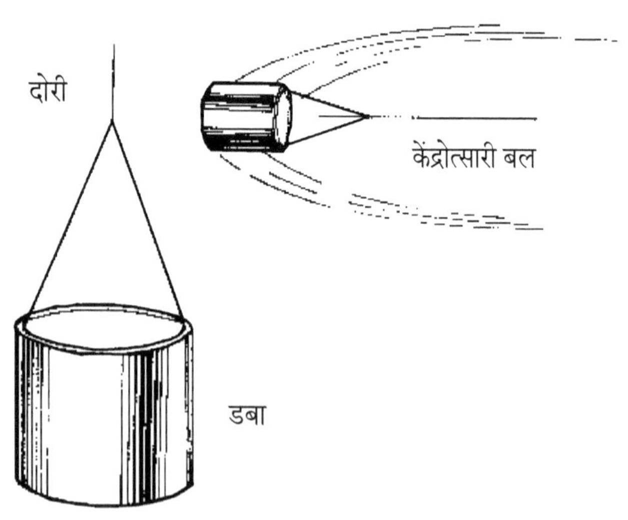

चमकणारे पाणी - खेळणारे पाणी

लागणारे सामान : विजेचे जळलेले निकामी बल्ब, रंगीत पाणी, चमकीचा कागद, मेणबत्ती.

कृती : विजेच्या बल्बमधील फिलॅमेंट व काचेचे तुकडे काढण्यासाठी मोठ्या माणसाची मदत घ्यावी. प्रथम बल्ब कापडात गुंडाळून घ्यावा. त्याच्या टोपीवर टोकदार खिळ्याने ठोकून ठोकून काळे डांबर काढून टाकावे. नंतर आतील काचेचा भाग व फिलॅमेंट अलगद फोडून हळूच बाहेर काढावे. बाहेरील फुगा फुटावयास नको. पूर्ण बल्ब स्वच्छ झाल्यावर त्यात रंगीत पाणी भरा. ह्या रंगीत पाण्यात रंगीत चमकीच्या कागदाचे बारीक तुकडे टाका. बल्बच्या वरच्या बाजूला असलेल्या टोपणाला दोन छिद्रे असतात. त्या छिद्रात दोरा बांधून बल्ब भिंतीला टांगा.

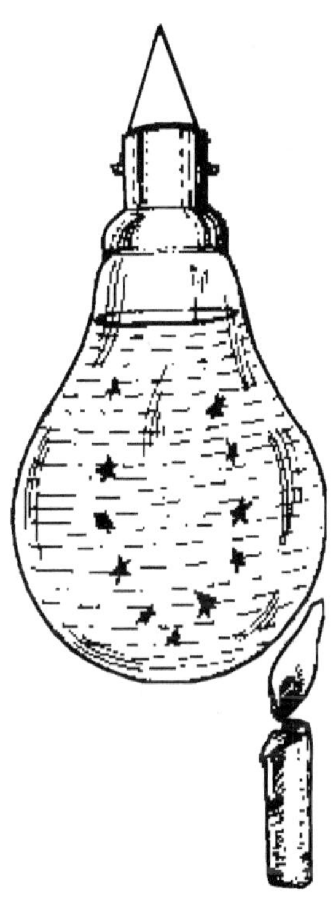

मेणबत्ती पेटवून तिची ज्योत बल्बच्या बुडाला एका बाजूने खालून लावा. थोड्याच वेळात चमकीचे कागद वर जाऊ लागतील. दुसऱ्या बाजूने खाली उतरतील. अशा प्रकारे दुरून पाहिले असता बल्बमधील पाणी चमकते, वर खाली होते हे पाहून गंमत वाटते.

(**तत्त्व :** मेणबत्तीमुळे पाणी गरम होऊन वर जाते व थंड पाणी खाली येते.)

□ □ □

पाण्यावर ब्लेड तरंगते

लागणारे सामान : वापरलेले दाढी करण्याचे ब्लेड, व्हॅसलीन किंवा पोमेड, पाण्याचे भांडे.

कृती : पाण्याने एक पसरट भांडे भरून घ्या. दाढी करण्याचे एक वापरलेले ब्लेड घ्या. त्याच्या दोन्ही बाजूंनी त्याला व्हॅसलीन किंवा पोमेड चोपडा. हातावर सपाट ठेवून अलगद पसरट भांड्यातील पाण्यावर सोडा. ते पाण्यात न बुडता पाण्यावर तरंगत राहील. याचप्रमाणे सुई सुद्धा पाण्यावर तरंगत ठेवता येईल.

पीठ गाळण्याच्या चाळणीच्या तारांना अशाच प्रकारे व्हॅसलीन लावून तिला तिरपे करून हळूहळू तिच्यात पाणी घ्यावे व नंतर सपाट चाळणी वर उचलावी. चाळणीतून पाणी खाली पडत नाही.

कापडावर पाणी टाकले की, ते कापडातून गळून जाते. पण तेच कापड भांड्याच्या किंवा शिशीच्या तोंडाला घट्ट ताणून बांधले व भांडे उलटे केले तरी त्यातून पाणी खाली पडत नाही.

(**तत्त्व :** पृष्ठताणामुळे ब्लेड पाण्यात बुडत नाही.)

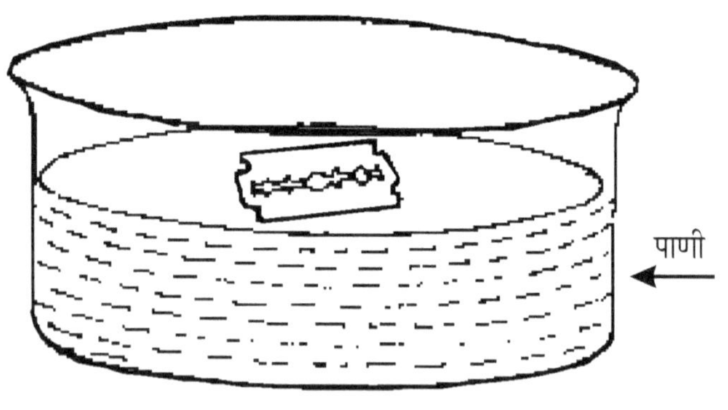

□ □ □

पाण्याच्या धारा एकत्र करणे

लागणारे सामान : प्लॅस्टिकचा मोठा डबा, बारीक खिळा, पाणी.

कृती : खाण्याचे तेल, खोबरेल तेल ठेवलेल्या प्लॅस्टिकच्या शिश्या, बरण्या किंवा डबे बाजारात मिळतात. तशा प्रकारचा रिकामा डबा किंवा बरणी घ्यावी. बारीक खिळा स्टोव्हवर किंवा गॅसवर गरम करून त्याने डब्याच्या बुडाजवळ शेजारी शेजारी पाच बारीक छिद्रे पाडा.

डब्यात पाणी भरा. पाच छिद्रातून पाण्याच्या पाच धारा अलग अलग पडू लागतील. हाताचा अंगठा आणि बोट यांच्या चिमटीत धारा एकत्र करून दाबल्यास सगळ्यांची मिळून एक धार तयार होते. ती खाली पडू लागते.

पुन्हा सर्व छिद्रावरून हात फिरविल्यास पाच धारा अलग अलग पडू लागतात.

तत्त्व : पृष्ठताणामुळे असे घडते.

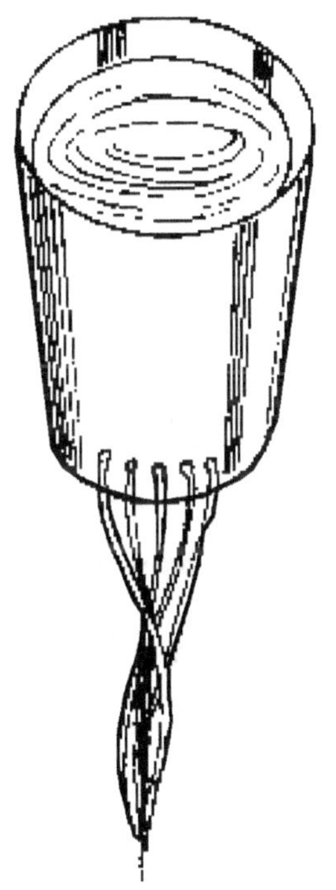

☐ ☐ ☐

कागदात पाणी तापविणे

लागणारे सामान : जाड कागद, पाणी, मेणबत्ती

कृती : जाड कागदापासून एक मोठे वर्तुळ कापून घ्या. ह्या वर्तुळाला व्यासावर घडी घाला. म्हणजे अर्धवर्तुळ तयार होईल. ह्या अर्धवर्तुळाला पुन्हा एक घडी घाला म्हणजे पाव वर्तुळाचा आकार तयार होईल. ह्यामध्ये चार थर असतील. त्यापैकी एक थर एका बाजूला व तीन थर एका बाजूला करून त्याला फाकवा. चाडीच्या आकाराप्रमाणे वाटी तयार होईल. ह्या वाटीत पाणी भरा व काळजीपूर्वक मेणबत्तीवर गरम करा. मेणबत्तीची ज्योत वाटीच्या पाणी भरलेल्या भागालाच लागली पाहिजे. रिकाम्या कागदाला ज्योत लागली तर कागद जळून जाईल. म्हणून एवढी काळजी घ्यावी. थोड्याच वेळात वाटीतील पाणी उकळू लागते पण कागद मात्र जळत नाही.

(**तत्त्व :** मेणबत्तीची उष्णता पाणी ओढून घेते व कागद जळण्यासाठी उष्णता राहात नाही.)

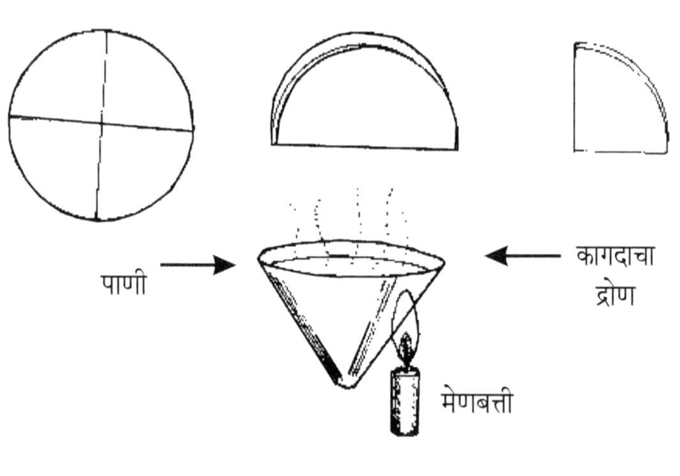

कोंबडीसाठी पाणी

ज्यांच्या घरी कोंबड्या पाळलेल्या आहेत त्यांच्यासाठी हे एक चांगले वरदान आहे. ह्यात पाणी वाया जात नाही.

लागणारे सामान : एक चहा पिण्याची बशी, सलाईनची रिकामी शिशी, पाणी

कृती : सलाईनची रिकामी शिशी धुऊन घ्या. ह्या शिशीत स्वच्छ पाणी भरा. एक खोलगट बशी जमिनीवर ठेवा. तिच्यात पाणी घ्या. सलाईनच्या शिशीच्या तोंडावर बोट ठेवून तिला उलटी करा व बशीत धरा. तिचे तोंड बशीच्या पाण्याला लागले की, शिशीच्या तोंडावरील बोट काढून घ्या. बशीच्या तळापासून थोडी वर राहील अशा रीतीने शिशीचे तोंड वर धरून तिला दोरीने बांधून घ्या. बशीतील पाणी संपले की, तेवढेच पाणी शिशीतून बशीत उतरते व पुन्हा बंद होते. व ही क्रिया शिशीतील पाणी संपेपर्यंत चालू राहते. त्यामुळे मोजकेच पाणी बाहेर येते व बऱ्याच वेळपर्यंत शिशीतील पाणी पुरते.

(**तत्त्व :** हवेच्या दाबामुळे असे घडते.)

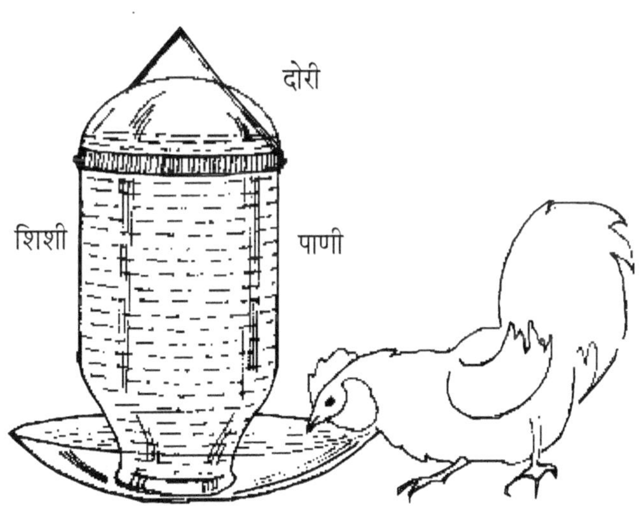

□ □ □

पाण्याचे कारंजे

लागणारे सामान : एक मोठा डबा, लांब रबरी किंवा प्लॅस्टिकची नळी.

कृती : डब्याच्या बुडाशी रबरी नळीच्या जाडीपेक्षा किंचित लहान आकाराचे गोल छिद्र पाडा. पत्र्याचा डबा असेल तर खिळ्याने छिद्र पाडावे लागेल. प्लॅस्टिकचा डबा असेल तर खिळा गरम करून छिद्र पाडावे. त्या छिद्रात नळी दाबून बसवावी म्हणजे नळीच्या बाहेरून पाणी झिरपणार नाही.

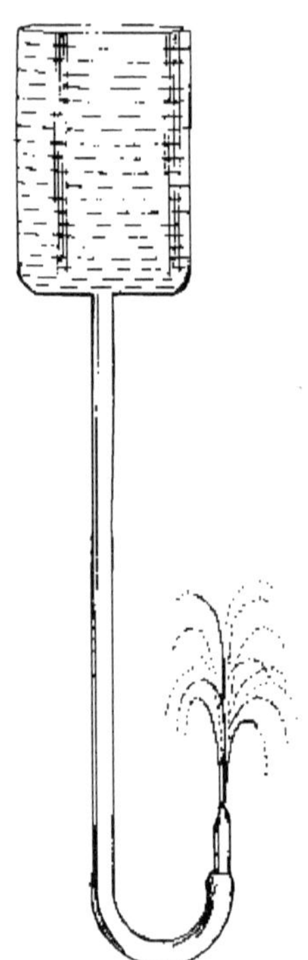

हा डबा उंचावर टांगून ठेवा व त्यात काठोकाठ पाणी भरा. डब्यातील पाणी बुडाशी जोडलेल्या नळीतून जोराने खाली येईल. नळीच्या टोकाला बारीक छिद्राची तोटी किंवा नळी बसवा. व तिचे तोंड वरच्या दिशेकडे करा. बारीक नळीच्या टोकातून पाण्याची बारीक धार कारंज्याप्रमाणे वर उडू लागते.

अंगणात छोटासा बगीचा करून त्यात हे कारंजे बसवा व खाली पडणारे पाणी नालीमधून अलग अलग झाडांच्या बुडाशी पाठवा. म्हणजे पाणी वाया जाणार नाही.

(तत्त्व : पाणी उंच चढण्याचा प्रयत्न करते.)

❑ ❑ ❑

हवा जाई खाली, फुगा जाई वरी

लागणारे सामान : एक फुगा, चिकटपट्टी, बॉलपेनची रिकामी नळी, बारीक दोरा.

कृती : फुग्याच्या तोंडात बॉलपेनची रिकामी नळी बसवा व दोऱ्याने त्या भोवती बरेच वेढे घ्या. त्यामुळे नळी फुग्याच्या तोंडात घट्ट बांधली जाईल. फुग्यात हवा भरावयाची असेल तर ह्या नळीतून फूंकून हवा भरावी लागेल.

टेबलाच्या वरच्या टोकाला एक बारीक खिळा ठोका. बॉलपेनच्या नळीच्या एका तुकड्यात दोरा ओवून त्याचे टोक खिळ्याला बांधा. जमिनीवर एक वीट ठेवा. त्या विटेला दोऱ्याचे दुसरे टोक बांधा. वीट मागे सरकवून दोरा ताठ करा. दोऱ्यात ओवलेली बॉलपेनची नळी दोऱ्याच्या तळाजवळ आलेली आहे.

ह्या नळीजवळ फुगा लावून चिकटपट्टीने दोन ठिकाणी नळी व फुगा चिकटवून टाका. फुग्याच्या चिकटपट्टीमुळे फुगा दोऱ्यात ओवलेल्या नळीला जोडला जाईल.

फुग्याच्या नळीला तोंड लावून फुग्यात हवा भरा. नळीच्या तोंडावर बोट दाबून धरून फुगा दोऱ्याच्या तळाशी विटेजवळ आणा. नळीवरील बोट काढून घ्या व फुग्याला सोडून द्या. फुग्यातील हवा नळीतून खाली येणे सुरू होते व फुगा दोऱ्यातून वर चढत चढत टेबलापर्यंत येतो. त्यातील हवा संपली म्हणजे घसरत घसरत पुन्हा खाली येतो. तेथे पुन्हा त्यात हवा भरून सोडले म्हणजे तो पुन्हा वर येतो. अशा प्रकारे कितीही वेळ हा खेळ खेळता येतो.

(**तत्त्व :** हवा खाली जाण्याची क्रिया करते त्यामुळे त्याच्या उलट फुगा वर चढण्याची प्रतिक्रिया घडते. न्युटनचा गतीविषयक तिसरा नियम.)

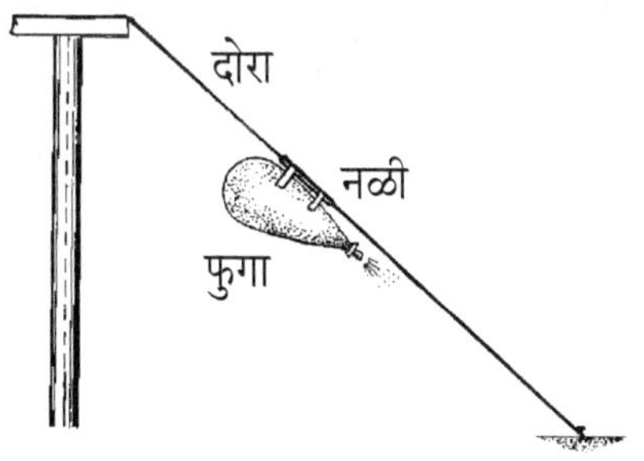

□ □ □

नाचणारी मेणबत्ती

लागणारे सामान : एक लांब मेणबत्ती, सुई, आगपेटी.

कृती : एक लांब मेणबत्ती घ्या. तिच्या लांबीच्या मध्यभागी अंदाजाने एक सुई आरपार घाला. दोन रिकाम्या आगपेट्या उभ्या ठेवून त्यांच्या काठावर सुईची टोके ठेवा. मेणबत्तीचा जिकडील भाग जास्त लांब असेल तो खाली जाईल. मेणबत्ती समतोल होईपर्यंत ब्लेडने तिकडील भाग थोडा थोडा कमी करा. मेणबत्ती समतोल झाली म्हणजे तिची दोन्ही टोके पेटवून द्या. थोड्याच वेळात मेणाचे थेंब वितळून खाली पडू लागतील. जिकडील थेंब खाली पडला ती बाजू वर जाईल. दुसऱ्या वेळेस दुसरीकडील थेंब खाली पडतो व ती वर जाते. अशा प्रकारे आळीपाळीने मेणबत्तीच्या बाजू वर खाली होत राहतात. मेणबत्ती संपेपर्यंत ही गंमत सुरू राहते.

(**तत्त्व :** मेणाचा थेंब खाली पडल्याबरोबर तिकडील वजन कमी होते व ती बाजू वर जाते.)

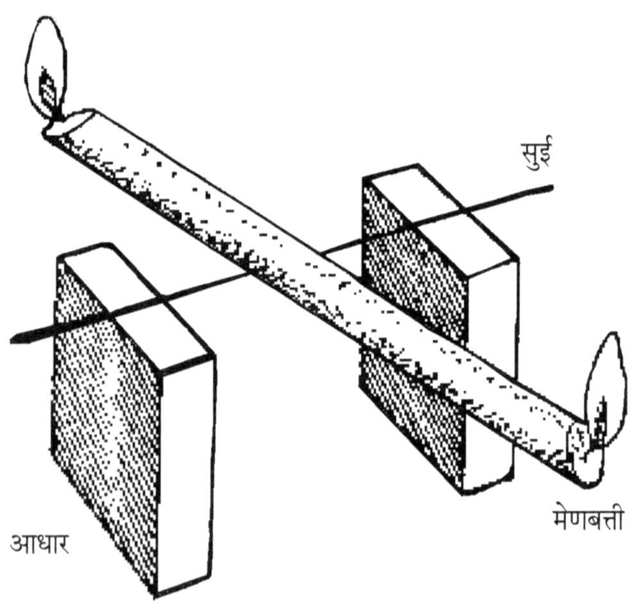

□ □ □

पेल्यात पडणारे नाणे

लागणारे सामान : एक काचेचा पेला, एक पोस्टकार्ड, एक जड नाणे.

कृती : एक काचेचा रिकामा पेला घ्या. त्याला टेबलावर सरळ उभा ठेवा. पेल्याच्या तोंडावर एक सपाट पोस्टकार्ड ठेवा. पोस्टकार्ड जुने असले तरी चालेल पण त्याला घडी पडलेली नसावी. ह्या पोस्टकार्डवर एक रुपयाचे नाणे ठेवा. तुमच्या मित्राला टिचकी मारून पोस्टकार्ड व नाणे दूर उडविण्यास सांगा. तुमचा मित्र अनेक प्रयत्न करेल पण जमणार नाही. तुम्ही सुद्धा प्रयत्न करा. तुम्हाला सुद्धा नाणे आणि कार्ड दोन्हीही दूर उडविणे जमणार नाही. कितीही जोराने टिचकी मारली तरी फक्त कार्ड दूर उडून पडेल पण नाणे मात्र पेल्यातच पडेल.

(**तत्त्व :** जडत्वाचा नियम.)

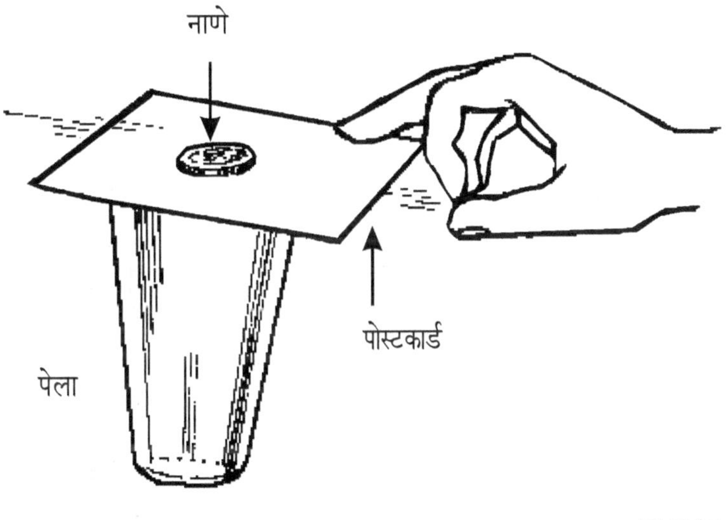

हलणारी चिमणी

लागणारे सामान : एक शिसपेन्सिल, दोन तारा, ओल्या मातीचे गोळे.

कृती : बांबूच्या कामटीपासून किंवा शिसपेन्सिलीच्या तुकड्यापासून चिमणीचा आकार तयार करा. आकृतीत आकार दिलेला आहे. चिमणीच्या चोचीसाठी कागदाचा तुकडा वापरा. चिमणीला रंगाने डोळे काढा. शेपटाकडील भाग तिरपा कापून घ्या. चिमणीच्या मानेजवळ दोन तारांचे तुकडे घट्ट बांधा. ह्या तारांच्या तुकड्यांच्या टोकाला ओल्या चिकण मातीचे सारख्या आकाराचे गोळे बसवा व ते वाळू द्या.

हातांच्या बोटावर किंवा खुंटीवर चिमणीचे शेपूट ठेवा. चिमणी खाली न पडता वरखाली हलत राहते.

(**तत्त्व :** मातीच्या गोळ्यामुळे संपूर्ण वजनाचा गुरुत्वमध्य शेपटाच्या ठिकाणी तोलला जातो.)

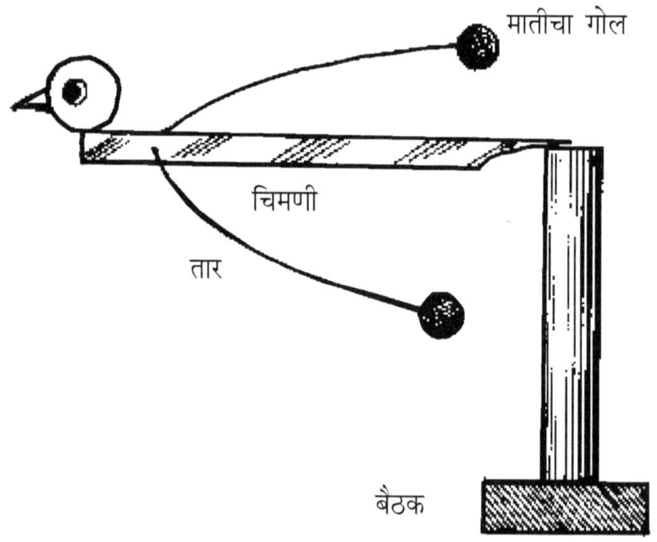

□ □ □

कितीही खाली दाबा - डोके नेहमीच वर

लागणारे सामान : कडक प्लॅस्टिकचा गोल चेंडू, रेती, मेणबत्ती, बाहुलीचे डोके.

कृती : बाजारात पातळ प्लॅस्टिकपासून तयार केलेले स्वस्त चेंडू विकत मिळतात. तशा प्रकारचा एक चेंडू विकत आणावा. जुन्या प्लॅस्टिकच्या बाहुलीचे एखादे डोके असल्यास ते आणावे. बाहुलीचे डोके चेंडूला छिद्र पाडून त्यात पक्के बसते का ते पाहावे. चेंडूतून डोके अलग काढून ठेवावे. चेंडूला जे छिद्र आहे त्यातून चेंडूत बारीक रेती भरा. पूर्ण चेंडूच्या अध्र्या भागापर्यंत रेती भरावी. चेंडूतील रेती स्थिर राहील अशाप्रकारे चेंडू ठेवून त्याच्या छिद्रातून रेतीवर वितळलेले मेणबत्तीचे मेण ओतावे. व ते तसेच थंड होऊ द्यावे. म्हणजे रेती त्याच स्थितीत चेंडूत पक्की बसते. चेंडूच्या छिद्रात बाहुलीचे डोके बसवून टाकावे. ही बाहुली तयार झाली. आंतमध्ये रेती आहे हे तुमच्या मित्रांना माहीत नाही.

ह्या बाहुलीला कितीही वेळा तिरपे करा व सोडा. तिचे डोके नेहमी वरच येते.

(**तत्त्व :** वजनाचा गुरुत्वमध्य चेंडूच्या बुडाशी असतो.)

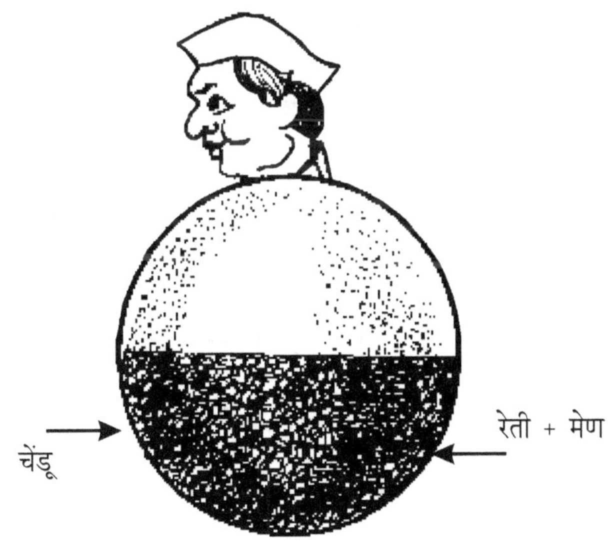

□ □ □

"

पुठ्ठ्याची चकती - झाली पण भिंगरी

लागणारे सामान : पातळ पुठ्ठा, जाड दोरा, एक गोल वाटी, पेन्सिल, कात्री.

कृती : प्रथम पुठ्ठा टेबलावर सपाट ठेवा. त्यावर एक वाटी उलटी ठेवा. वाटीच्या कडेकडेने पेन्सिल फिरवून पुठ्ठ्यावर वाटीच्या तोंडाएवढा गोल काढून घ्या. कात्रीच्या साहाय्याने हा गोल पुठ्ठ्यावरून कापून अलग करा. ह्या गोलाच्या मध्यभागी दोन छिद्रे जवळजवळ पाडा.

एक जाड दोरा घेऊन तो पुठ्ठ्याच्या गोलाच्या छिद्रातून घाला. दोरा दोन्ही छिद्रातून घातल्यावर त्याची दोन टोके एकाच बाजूने येतील. एक हातभर लांबीचा दोरा ठेवून दोन्ही टोकांची एकमेकांशी गाठ पाडा. बाकीचा दोरा कापून टाका.

भिंगरी फिरविण्यासाठी तिला दोऱ्याच्या मध्यभागी सरकवा. अर्धा दोरा उजवीकडे व अर्धा दोरा डावीकडे असू द्या. डावीकडील दोऱ्यात डाव्या हाताची तर्जनी घाला व उजवीकडील दोऱ्यात उजव्या हाताची तर्जनी घाला. दोरा किंचित ढिला सोडून एक तर्जनी गोल गोल फिरवून दोऱ्याला पीळ द्या. तर्जनी ताठ करून, दोरा ताणा, भिंगरी उलटी फिरू लागेल. पीळ पूर्ण होण्याच्या आत दोरा ढिला सोडा, पुन्हा ताणा. आता भिंगरी उलट्या दिशेने जोराने फिरते. अशा प्रकारे दोरा ढिला सोडून व ताण देऊन भिंगरीचा वेग खूप वाढविता येतो व कितीही वेळपर्यंत ही भिंगरी चालू ठेवता येते.

(**तत्त्व :** पीळ उकलून व पीळ पडून चकतीला गती मिळते.)

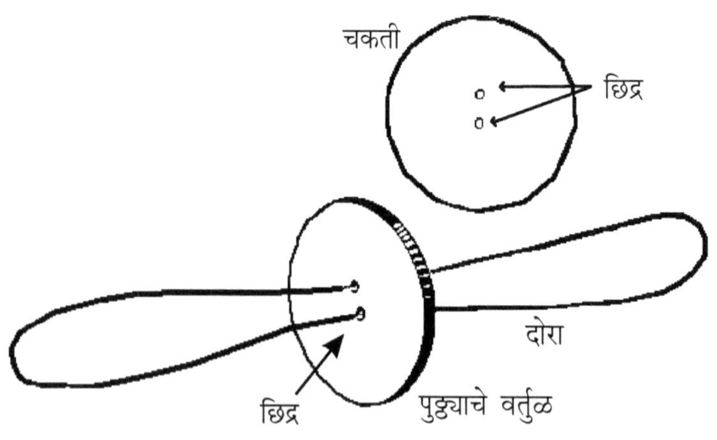

□ □ □

जादूचा दोरा

लागणारे सामान : एक वाटी, थोडेसे मीठ, पाणी, दोरा, एखादी अंगठी किंवा नाणे.

कृती : एका वाटीत थोडे पाणी घेऊन त्यात मीठ टाकावे व हलवावे. पाण्यात मीठ विरघळले की, पुन्हा मीठ टाकावे, पुन्हा हलवावे. अशा प्रकारे जोपर्यंत मीठ विरघळत जाते तोपर्यंत मीठ टाकत जावे. जेव्हा मीठ न विरघळता वाटीच्या तळाशी शिल्लक राहते त्यावेळी मीठ टाकणे बंद करावे. ह्या अतिशय खारट पाण्यात दोरा भिजू घालावा. एक दिवसभर दोरा खारट पाण्यात भिजू घालून बाहेर काढा व त्याला वाळू द्यावे.

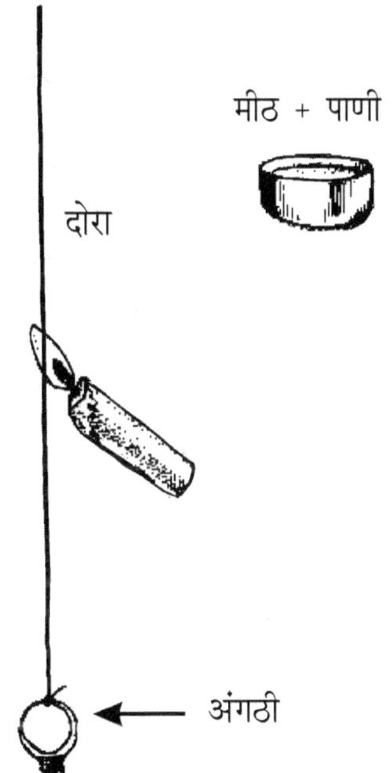

या वाळलेल्या दोऱ्याच्या एका टोकाला एखादी अंगठी किंवा नाणे बांधा. वरचे टोक एकाद्या खिळ्याला बांधून अंगठी टांगून द्यावी. तुमच्या मित्राला हा दोरा पेटलेल्या मेणबत्तीने पेटवून अंगठी खाली पाडण्यास सांगावे.

तुमचा मित्र मेणबत्तीने दोरा जाळण्याचा प्रयत्न करेल. दोरा जळेलसुद्धा. पण अंगठी मात्र खाली पडणार नाही. अशा प्रकारे कितीही प्रयत्न केला तरी दोरा ताठ राहील व अंगठी खाली पडणार नाही.

(तत्त्व : क्षारयुक्त पाण्यामुळे दोरा जळला तरी तुटत नाही.)

□ □ □

काळ्यावर पांढरे-पांढऱ्यावर करडे

लागणारे सामान : थोडी साखर, पाणी, लिंबाचा रस, मेणबत्ती, छोटा ब्रश आणि कोरे कागद, दिव्याची काजळी.

कृती : १. एका वाटीत थोडी साखर घ्या. त्यात पाणी अगदी थोडे टाका. विस्तवावर किंवा स्टोव्हवर गरम करून चांगला घट्ट पाक तयार. फार घट्टसुद्धा नको. नाहीतर लिहिता येणार नाही. पाक थंड झाल्यावर त्यात ब्रश बुडवून लिहिता आले पाहिजे.

थोड्या वेळाने पाक थंड होईल. त्यात लहान ब्रश बुडवून त्याने पांढऱ्या कागदावर आपले नाव किंवा पान व फूल याचे डिझाईन यांपैकी जे आवडेल ते काढावे व कागद उन्हात वाळू घालावा. कागदावरील पाक चांगला वाळल्यावर त्याला सावलीत आणावे व सपाट टेबलावर ठेवावे. दिव्याची काजळी जमा करून बोटाने ती संपूर्ण कागदावर घासूनघासून लावावी. पाकाने काढलेली अक्षरे किंवा डिझाईन यावरसुद्धा घासून काळे करावे. दुरून पाहिले असता फक्त काळा कागद दिसेल. असे २, ३ कागद तयार करून ठेवावे. तुमच्या मित्रांना ते कागद दाखवावे व चला मी तुम्हाला गंमत दाखवितो असे म्हणून नळाखाली कागद ठेवावे व नळ हळू हळू सुरू करावा. थोड्याच वेळात काजळी लावलेली अक्षरे निघून जातात व त्या काळ्या कागदावर तुमच्या नावाची पांढरी अक्षरे उमटतात.

२. एका वाटीत लिंबाचा रस घेऊन त्याने पांढऱ्या कागदावर तुमचे नाव लिहा. कागद उन्हात वाळवा. वाळल्यानंतर अक्षरे दिसणार नाहीत. आपल्या मित्रांची नावे लिहून असे अनेक लहान लहान कागद तयार करून वाळवा. नंतर मेणबत्तीच्या ज्योतीवर एक एक कागद गरम करा. पांढऱ्या कागदावर करड्या रंगात आपले नाव उमटलेले पाहून तुमच्या मित्राला आश्चर्य व गंमत वाटेल.

(**तत्त्व :** लिंबाचा रस तापविल्यावर करडा पडतो.)

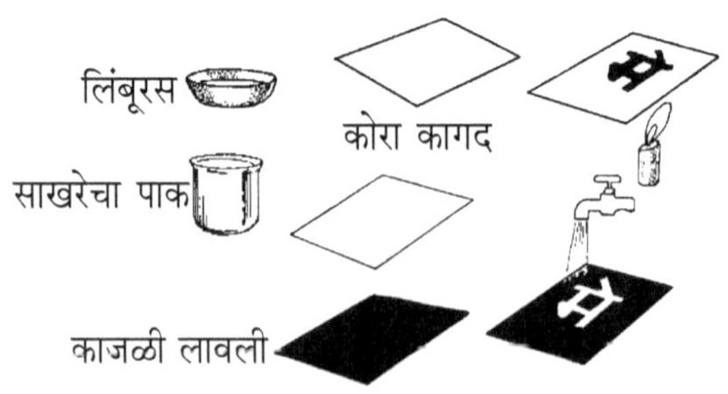

आगपेटीचे घड्याळ

लागणारे सामान : रिकामी आगपेटी, मेणबत्तीचा तुकडा, रबर बँड, आगपेटीच्या दोन तीन काड्या.

कृती : रिकाम्या आगपेटीवर रंगीत कागदाचे एक वर्तुळ चिकटवा व त्यावर १ ते १२ आकडे लिहा. हे घड्याळाचे डायल तयार झाले. या वर्तुळाच्या मध्यबिंदूवर आरपार छिद्र पाडा. जाड मेणबत्तीचा छोटासा तुकडा घेऊन त्यातील दोरा काढून टाका. म्हणजे त्याला छिद्र पडेल.

आगपेटीच्या वर्तुळाच्या मध्यभागी हा तुकडा ठेवा. एका आगपेटीच्या काडीला रबर बँड बांधून रबर बँडचे रिकामे टोक मेणबत्तीच्या छिद्रातून घालून आगपेटीच्या खालून बाहेर काढा व त्या ठिकाणी आगपेटीची काडी बांधा.

हे घड्याळ चालू करण्यासाठी आगपेटीच्या खालच्या बाजूला असलेल्या काडीला गोल गोल फिरवा. त्यामुळे रबर बँडला पीळ बसेल. खालची काडी आपोआप फिरणार नाही. पण मेणबत्तीच्या वरची काडी मात्र घड्याळाच्या काट्याप्रमाणे हळूहळू फिरणे सुरू होईल. टेबलावर ठेवून दिले तरी त्याचे फिरणे सुरूच राहील.

अशा प्रकारे तयार झालेले घड्याळ तुम्हाला व तुमच्या मित्रांना खेळण्यासाठी नक्कीच आवडेल.

या घड्याळाचे फक्त फिरणे पाहा. वेळ पाहण्याच्या भानगडीत पडू नका. कारण हे घड्याळ वेळ दाखवीत नाही.

(तत्त्व : मेणबत्तीवर हळूहळू घर्षण होत काडी फिरते.)

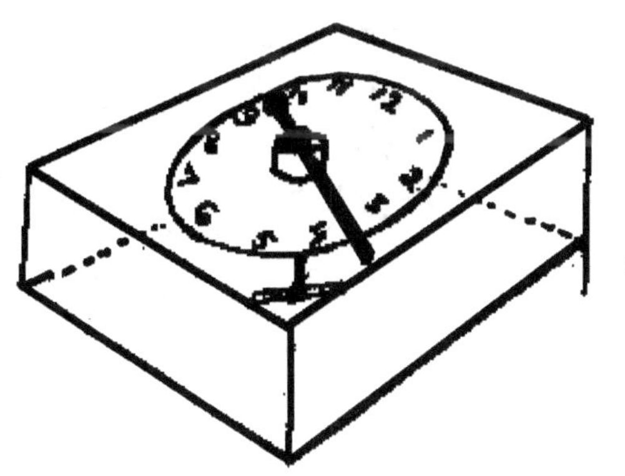

पेपरमधील फोटो कागदावर छापणे

लागणारे सामान : पाणी, टरपेंटाईन, साबण, कोरा कागद, चमचा, वर्तमानपत्रावर छापलेले चित्र.

कृती : ४ भाग पाण्यात १ भाग टरपेंटाईन टाकून मिश्रण तयार करा. हे मिश्रण चित्रावर लावले म्हणजे चित्राची शाई सैल होते व चित्र दुसऱ्या कागदावर उमटविण्यास सोपे जाते. पाणी आणि टरपेंटाईन एकमेकापासून अलग अलग होतात. त्यांना एकत्र ठेवण्यासाठी त्या मिश्रणात थोडा साबणचुरा टाका व मिश्रण चांगले हलवा.

हे मिश्रण चित्रावर लावा व थोडा वेळ सुकू द्या. नंतर चित्रावर कोरा कागद ठेवा व त्यावर चमचाच्या गुळगुळीत भागाने खूप वेळ घासा. वरचा कागद उचलून पाहा. त्याच्या खालच्या बाजूने वर्तमानपत्रावरील चित्र उमटलेले दिसेल. पण हे चित्र उलटे असते.

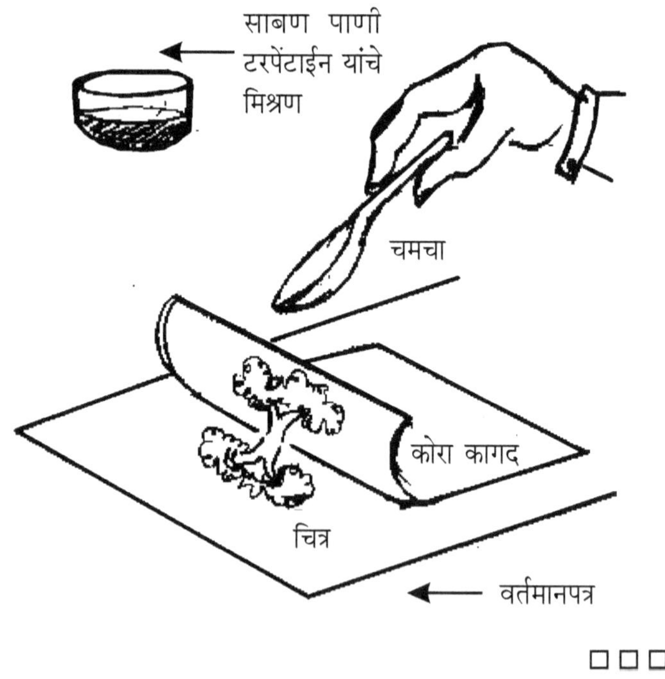

मित्राची गंमत

लागणारे सामान : एक छोटी प्लॅस्टिकची बांगडी, रबर बँड, कागद.

कृती : छोट्या बाळाच्या हातात घालतात तशी छोटी बांगडी घ्या. आकृतीत दाखविल्याप्रमाणे बांगडीत रबर बँड अडकवा. रबर बँडच्या दोन वेढ्यात एक छोटी काडी अडकवून त्या काडीला गोल गोल फिरवून रबर बँडला पीळ द्या. पुरेसा पीळ देऊन झाला की, बांगडी, काडी दाबून ठेवून एका कागदात गुंडाळा व कागदाची पुडी बांधा. कागदाची पुडी बांधून होईपर्यंत रबराचा पीळ कायम असला पाहिजे. पुडी दाबून ठेवली की, रबराचा पीळ उकलत नाही.

आपल्या मित्राच्या हातात सहजपणे ती पुडी द्या व त्या पुडीत काय आहे हे पाहण्यास सांगा. तो अगदी सहजपणे पुडी उकलण्यास सुरुवात करील. शेवटचा पदर काढताच रबराच्या पीळामुळे बांगडी एकदम उडी मारील व एखादे कीटक पुडीत बांधलेले असल्याप्रमाणे तुमचा मित्र ती पुडी दूर फेकून देईल. अशा प्रकारे तुमच्या मित्राची गंमत तुम्हाला करता येईल.

(**तत्त्व :** पुडी सोडल्यावर काडीवरील दाब कमी होतो व रबर बँडच्या पीळामुळे ती फिरते.)

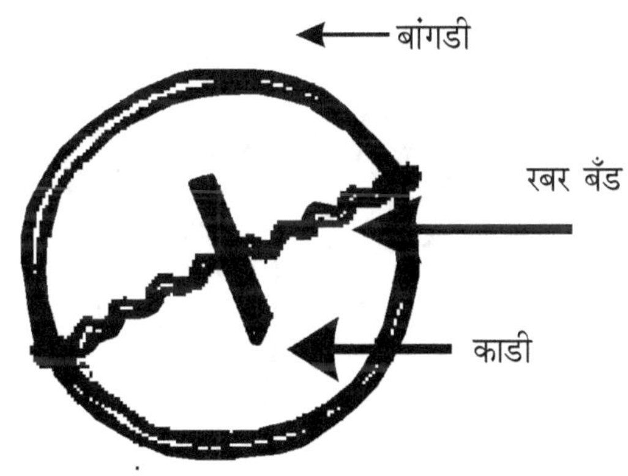

□ □ □

माकड

लागणारे सामान : सायकलच्या चाकाचा स्पोक, लोखंडी तार, पातळ पुठ्ठा

कृती : पातळ पुठ्ठ्यावर माकडाचा आकार काढून त्याला रंगाने रंगवा व त्याच्या बाह्यरेषेवर कापून ते माकड सुटे करून घ्या.

सायकलच्या स्पोकपेक्षा किंचित जाड लोखंडी खिळा घ्या. लोखंडी तार या खिळ्यावर गोल गोल गुंडाळा. गुंडाळताना वेढे घट्ट घ्या. एकमेकांना चिकटून घ्या. असे १०-१२ वेढे झाल्यावर तार तोडून घ्या. ही तयार झालेली स्प्रिंग खिळ्याच्या बाहेर काढा. तिचा मध्य काढून तेथे ती काटकोनात वाकवा. या स्प्रिंगच्या उभ्या बाजूत स्पोक घाला व आडव्या बाजूत माकडाचा आकार अडकवा.

स्पोक उभा धरा. स्प्रिंग स्पोकच्या वरच्या टोकाकडे ठेवा. नंतर स्प्रिंग सोडा. माकडासहित स्प्रिंग खालच्या बाजूला उड्या मारीत मारीत यावयास लागेल. माकड खाली आल्यावर त्याला पुन्हा स्पोकच्या वरच्या टोकाकडे सरकवून ठेवावे.

(**तत्त्व :** स्प्रिंगच्या झटक्याने माकड उड्या मारते आहे असे दिसते.)

☐ ☐ ☐

डोलणारा घोडा

लागणारे सामान : धावणाऱ्या घोड्याचे चित्र, पातळ पुठ्ठा, तार, मातीचा गोळा.

कृती : धावणाऱ्या घोड्याचे चित्र कापून घ्या व फेव्हीकॉलने पातळ पुठ्ठ्यावर चिकटवा. नंतर तो पुठ्ठा चित्राच्या बाह्यरेषेवर कापून घोडा अलग काढून घ्या. घोड्याच्या पोटाच्या ठिकाणी एक गोलाकार तार पक्की बसवा. ह्या तारेच्या दुसऱ्या टोकाला ओल्या मातीचा गोळा पक्का चिकटवा.

गोळा वाळल्यावर घोडा मागील पायावर उभा राहील अशा तऱ्हेने तार वाकवा. घोडा टेबलाच्या काठावर किंवा चापट खुंटीवर ठेवा. त्याला हाताने धक्का लावला की, बराच वेळ पर्यंत तो डोलत राहील.

(**तत्त्व :** घोड्याच्या वजनाचा गुरुत्वमध्य त्याच्या मागच्या पायाच्या ठिकाणी तोलला जातो.)

□ □ □

ध्वनी

चर्चच्या घंटेचा आवाज

लागणारे सामान : स्वयंपाकघरातील छोटे चमचे, बारीक दोरा.

कृती : बारीक दोरा घेऊन त्याच्या एका टोकाला दोन लहान चमचे बांधा. पोहे खाण्याचे स्टीलचे चमचे असतात ते घ्यावे. २ फूट लांबीचा दोरा ठेवून बाकीचा तोडून टाकावा. किंवा आपल्या कानापासून कमरेपर्यंत लांब दोरा घ्यावा. दोऱ्याच्या दुसऱ्या टोकावर धरून ते टोक आपल्या हाताच्या बोटाच्या टोकाला गुंडाळावे व हे बोट आपल्या कानाच्या छिद्रात पक्के बसवावे. कानापासून दोरा, चमचे लोंबकळत राहिले पाहिजे. दोरा कशाला टेकावयास नको. आता चमच्यावर तिसऱ्या चमच्याने ठोकावे. कानात चर्चच्या घंटेच्या आवाजाप्रमाणे धीर गंभीर आवाज घुमू लागतो.

आकृतीत दाखविल्याप्रमाणे दोन कानात दोन दोरे बसविले तर आणखी चांगला आवाज येतो.

(**तत्त्व :** चमच्याचे कंपन दोऱ्याने कानात पोचते.)

☐ ☐ ☐

आगपेटीचा टेलिफोन

लागणारे सामान : दोन रिकाम्या आगपेट्या, बारीक पण मजबूत दोरा.

कृती : रिकाम्या आगपेट्याच्या वरील झाकणे काढून टाकावी. आतमध्ये जे खोके असते त्याच्या बुडाशी मध्यभागी एक छिद्र पाडा. ह्या छिद्रातून दोरा आतमध्ये घाला व आतून त्याला बारीक काडीचा तुकडा बांधा.

अशाच प्रकारे दोऱ्याचे दुसरे टोक पेटीच्या दुसऱ्या खोक्यात बसवून त्याला बारीक काडीचा तुकडा बांधावा. अशा प्रकारे आगपेटीच्या दोन खोक्यात दोरा बांधला गेला. मोकळ्या पटांगणात दोन मित्रांनी अलग अलग दूर उभे राहून एकाने एक खोके तोंडासमोर धरावे व दोरा ताणून दुसऱ्याने दुसरे खोके कानाला लावावे. दोरा तंग असावा. पहिल्या खोक्यात बोललेले शब्द किंवा गाणे दुसऱ्या खोक्यात जसेच्या तसे ऐकू येते.

पहिल्याचे बोलणे संपल्यावर त्याने खोके कानाला लावावे. दुसऱ्याने कानाचे खोके काढून त्यात बोलावे म्हणजे पहिल्याला ते ऐकू येईल.

(**तत्त्व :** एकीकडील आवाजाची कंपने दुसरीकडे जाऊन तेथे तशीच कंपने तयार करतात. त्यामुळे आवाज ऐकू येतो.)

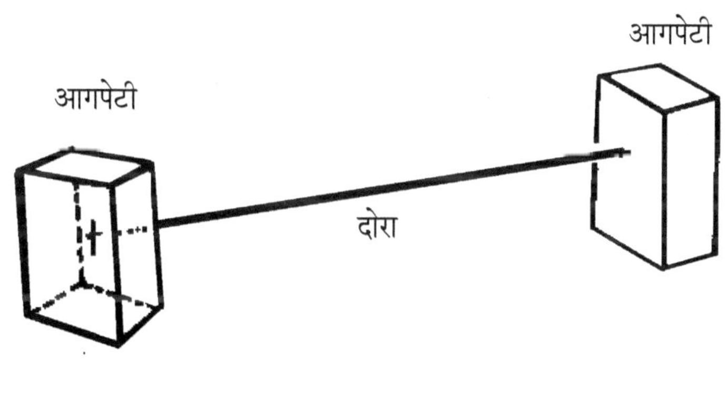

हलणारा पडदा – नाचणारा प्रकाश

लागणारे सामान : एक टिनाचा डबा, आरशाची टिकली, फेव्हीकॉल.

कृती : आपल्याच घरात बोर्नव्हिटा, फॅरेक्स वगैरेचे डबे रिकामे होतात. असा एक डबा घेऊन त्याचे झाकण काढून टाकावे. नंतर घरातील मोठ्या माणसाच्या देखरेखीखाली डब्याचे बुड काढून टाकावे. बुड काढण्यासाठी चापट खिळा घासून धारदार करावा व डब्याच्या बुडावर जवळ जवळ छिद्रे पाडत जावी. पूर्ण घेर भर छिद्रे पाडल्यानंतर मधील भाग काठापासून अलग होतो. ह्या उघड्या भागावर चिवट कागद ताणून बसवा व चिकटवून टाका. चिकटविण्यासाठी फेव्हीकॉल वापरा.

आरशाच्या गोल, चौकोनी टिकल्या स्टेशनरी विकणाऱ्या दुकानात मिळतात. अशी एक टिकली डब्याच्या कागदी पडद्यावर चिकटवा.

हा डबा एका टेबलावर ठेवून ते टेबल उन्हात ठेवा. आरशाच्या टिकलीवर सूर्यप्रकाश पडून तेथून तो सावलीत असणाऱ्या भिंतीवर पाडा. डबा हलू नये म्हणून त्याला दोन तीन दगड लावा. आता टिकलीमुळे भिंतीवर पडणारा प्रकाश अगदी स्थिर पडला आहे. डब्याच्या उघड्या तोंडाजवळ मोठा आवाज करून रेडिओ ठेवा किंवा तोंडाने एखादे गाणे म्हणा. तुमच्या किंवा रेडीओच्या गाण्याप्रमाणे भिंतीवरील उन्हाचा ठिपका नाचू लागेल. अशा प्रकारे अलग अलग गाण्याच्या ठिपक्याचे नाचणे सुद्धा अलग अलग प्रकारचे पाहावयास मिळेल.

(तत्त्व : आवाजामुळे आरसा लावलेला पडदा कंप पावून हलतो त्यामुळे प्रकाश सुद्धा हलतो.)

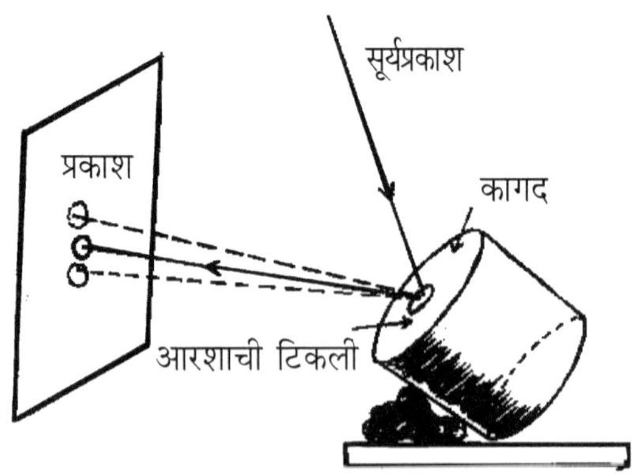

प्रकाश

कागद जळतो तळाशी, बुच उडते आकाशी

लागणारे सामान : मध्यभागी फुगीर असणारे भिंग ह्याला बाह्यगोल भिंग म्हणतात. हे बाजारात खेळण्याच्या दुकानात विकत मिळते; इंजेक्शनची रिकामी शिशी, आगपेटीच्या काड्या, रद्दी कागद.

कृती : अंगणातील उन्हात हा खेळ खेळायचा आहे. सूर्य डोक्यावर आला म्हणजे त्याची किरणे जमिनीवर सरळ उभी पडतात. जमिनीवर एक रद्दी कागद पसरून ठेवावा. हातामध्ये बाह्यगोल भिंग धरून त्या कागदावर प्रकाशाचा गोल ठिपका पाडावा. भिंग कागदापासून वर किंवा खाली करून ठिपका लहान लहान करून खूप लहान करावा व तेथेच भिंग न हलविता स्थिर धरावे. थोड्याच

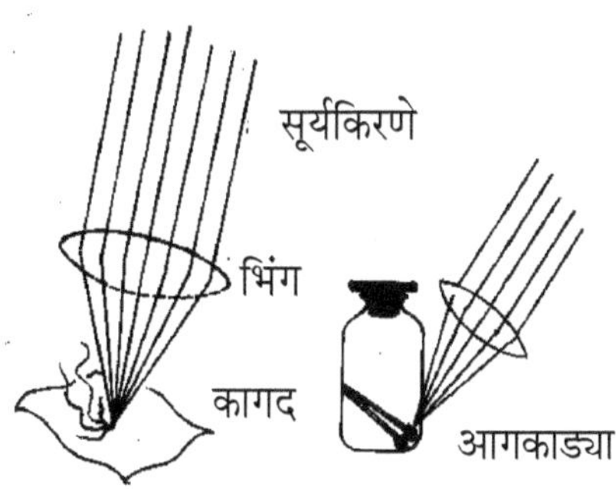

वेळात ठिपक्याच्या ठिकाणी कागद काळा पडतो व धूर निघू लागतो. त्या ठिकाणी जर कापूस ठेवला तर तो सुद्धा पेटतो. अशा प्रकारे आपण वीना आगपेटीचा विस्तव तयार केला.

इंजेक्शनची शिशी बुच काढून फडक्याने पुसून आतून कोरडी करा. शिशीच्या आत दोन आगकाड्यांची टोके गुलासहित टाका. शिशीला असणारे रबरी बूच घट्ट बसवा. ही शिशी अंगणात उतरत्या उन्हात ठेवा. हातात बाह्यगोल भिंग घ्या व भिंगाच्या साहाय्याने सूर्याच्या उन्हाचा गोल ठिपका शिशीच्या आतील काड्यांच्या गुलावर पाडा. ठिपका लहान लहान करीत न्या. जेव्हा ठिपका अगदी लहान होईल त्यावेळी आतील काड्या एकदम पेटतील व शिशीच्या तोंडात बसविलेले रबरी बूच टुक् असा आवाज करून वर उडेल. ते पाहून तुम्हाला व तुमच्या मित्रांना नक्कीच गंमत वाटेल. पुन्हा ही गंमत करण्यासाठी शिशीच्या आत आगकाड्या ठेवून व बूच घट्ट बसवून पूर्वीचीच कृती करावी लागेल. हा खेळ कितीही वेळ खेळता येतो.

(**तत्त्व :** प्रकाशाची किरणे एका बिंदूत एकत्र झाल्यामुळे उष्णता निर्माण होते.)

▢ ▢ ▢

फिरला की आत – थांबला की बाहेर

लागणारे सामान : जुने पोस्ट कार्ड, बांबूची कामटी, स्केचपेन, कोरे कागद, डिंक.

जुने पोस्टकार्ड घेऊन त्याचे समान दोन तुकडे करा. आपणास अध्र्याच पोस्टकार्डचे काम आहे. ह्या कार्डाच्या तुकड्यावर दोन्ही बाजूने दोन कोरे कागद चिकटवून शिल्लक कागद कैचीने कापून घ्या. हा कागद वाळल्यावर त्यावर एका बाजूने काळ्या स्केचपेनच्या साहाय्याने पिंजऱ्याचे चित्र काढा. कार्डाच्या दुसऱ्या बाजूने फक्त पोपटाचे चित्र काढा.

वीतभर लांबीची एक बांबूची बारीक कामटी घेऊन तिला अध्र्या भागापर्यंत उभी फाकवा. ह्या भेगेत चित्र काढलेले पोस्टकार्ड उभे ठेवून पक्के करा. कामटी दोन्ही हाताच्या तळहातावर घेऊन तिला जोरजोरात घुसळा व कार्डावरील चित्राकडे पाहा. पोपट पिंजऱ्यात बसलेला दिसेल. जोपर्यंत चित्र फिरते तोपर्यंत पोपट आत पिंजऱ्यात बसलेला दिसेल. फिरविणे थांबले म्हणजे पिंजरा अलग व पोपट अलग अशी दोन चित्रे दिसतील.

(**तत्त्व :** दृष्टिसातत्त्याच्या तत्त्वाने हे घडते.)

□ □ □

पांढरा स्वच्छ प्रकाश – झाला कसा रंगीत

लागणारे सामान : एक छोटा चौकोनी आरसा, एक खोल पण पसरट टोपले, एक दगड.

कृती : टोपले अंगणातील उन्हात ठेवा. ह्या टोपल्यात आरसा उभा ठेवा. ह्या आरशावर सूर्यप्रकाश जिकडून भरपूर पडेल तिकडे आरशाचे तोंड करा. आरशावर पडणारा प्रकाश जवळच्या भिंतीवर पाडा. ह्या भिंतीवर सावली पाहिजे. सूर्याचा पांढरा प्रकाश आरशावर पडून भिंतीवर पडलेला आहे. आरसा हलू नये म्हणून व आरशाची स्थिती बदलू नये म्हणून आरशाच्या पाठीमागून त्याला एक खडबडीत दगड टेकवून ठेवा.

आता टोपल्यात एका बाजूकडून हळूहळू पाणी ओतणे सुरू करा. थोड्याच वेळात टोपले पाण्याने पूर्ण भरले जाईल व आरसा पाण्यात पूर्ण बुडून जाईल. मात्र आरशाची पूर्वीची स्थिती बदलण्यास नको. भिंतीवर ज्या ठिकाणी पूर्वी सूर्यप्रकाशाचा पांढरा ठिपका होता त्या जागेकडे पाहा. तेथील पांढरा ठिपका नाहीसा होऊन त्या ठिकाणी सात रंगाचा चौकोनी ठिपका दिसू लागला आहे.

ही गंमत तुम्हाला तुमच्या मित्रांना केव्हाही दाखविता येईल मात्र आकाश स्वच्छ असावे व आकाशात सूर्य असावा.

(**तत्त्व :** पाण्यातून जाताना प्रकाशकिरणांचे पृथक्करण होते व सात रंग उमटतात.)

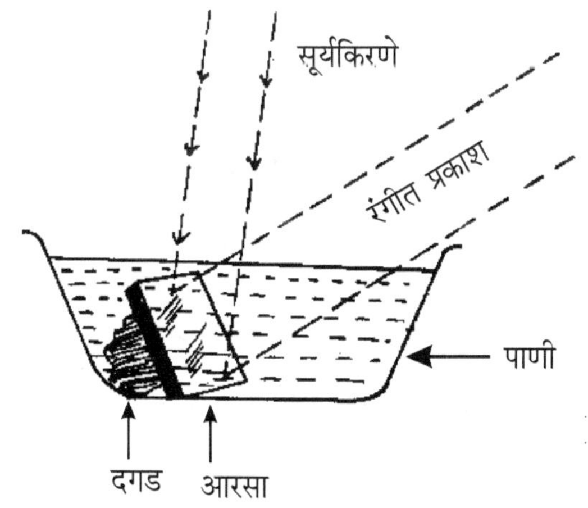

☐ ☐ ☐

हवेतील अक्षर छोटे – पाण्यातील अक्षर मोठे

लागणारे सामान : ह्या खेळासाठी विजेचा जळलेला बल्ब हवा आहे. ह्या बल्बच्या आत असणारे तार, काच काढून टाकावयाचे आहे. आपल्या घरातील वडील मंडळींकडून ते करून घ्यावे.

कृती : प्रथम बल्ब एका रद्दी कापडात गुंडाळून हातात धरावा. नंतर त्याच्या होल्डरच्या बाजूकडील काळा भाग खिळ्यांनी टोचण्या मारून ढिला करावा. व एक एक तुकडा बारीक चिमट्याने काढून टाकीत जावा. बल्ब जमिनीवर न टेकविता हातातल्या हातात फोडीत जावा. बल्बच्या आतील सर्व सामान काढल्यानंतर काळजीपूर्वक जमा करून एका बाजूला फेकून द्यावे. बल्ब स्वच्छ पाण्याने धुऊन घ्यावा व पाण्याने भरून उभा धरावा.

रंगीत चित्राची पट्टी बल्बच्या पाठीमागून धरावी. जो भाग बल्बमधून दिसेल तो मोठा दिसत जाईल. ज्या पट्टीवर बारीक अक्षरे असतील ती पट्टी बल्बच्या पलीकडून टेकवून धरली की, तिच्यावरील अक्षरे मोठी दिसू लागतात. डोळ्यांना ज्या गोष्टी लहान दिसतात त्या वस्तू पाण्याने भरलेल्या बल्बला टेकून पाहिल्यास मोठ्या दिसतात. हा बल्ब खिडकीत उभा ठेवून त्याला बाहेरच्या बाजूने सिनेमाची फिल्म टेकवून ठेवली की, बल्बच्या आतील बाजूने त्या फिल्मवरील चित्र मोठे दिसते.

(**तत्त्व :** बल्बमध्ये पाणी भरल्याने त्याचे बाह्यगोल भिंग तयार होते. त्यामुळे अक्षर मोठे दिसते.)

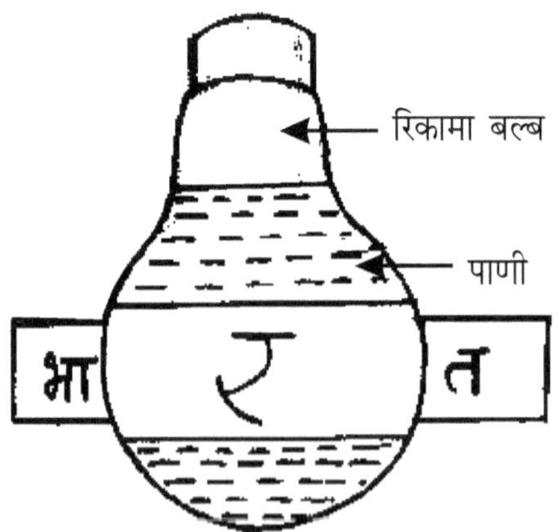

□ □ □

विना सेलने बल्ब लावणे

लागणारे सामान : दोन बल्ब, दोन होल्डर, वायर, दोन टार्च सेल, एक पारदर्शक काच, काळा कागद.

कृती : एका जाड पुठ्ठ्यावर मध्यभागी एक रेषा आखून घ्या. ह्या रेषेपासून दोन्हीकडे समान अंतर काटेकोर मोजून घेऊन त्या ठिकाणी खुणा करा व प्रत्येक खुणेवर एक असे दोन होल्डर पक्के करा. होल्डरमध्ये बल्ब बसवा. मध्यभागी जी रेषा ओढली तिच्यावर एक चौकोनी पारदर्शक काच उभी करा. ती सरळ उभी राहण्यासाठी मातीचा ओला गोळा वापरा. एका होल्डरला वायर जोडा व सेल जोडा. त्यामुळे एक बल्ब लागेल. दुसरा लागणार नाही. एका बल्बच्या मागच्या बाजूने काळा कागद लावा. काळ्या कागदाकडील बल्ब लागलेला आहे. तिकडून काचेकडे आरपार पाहा. काचेच्या पलीकडील बल्ब लागलेला दिसतो. आपल्याकडील बल्ब विझला की तो सुद्धा विझतो. ही जादू फक्त काचेतून पहाणारालाच दिसते. म्हणून काचेतून पाहणे महत्त्वाचे आहे.

(**तत्त्व :** पारदर्शक काचेमुळे चालू बल्ब व बंद बल्ब यांची प्रतिमा एका ठिकाणी दिसते.)

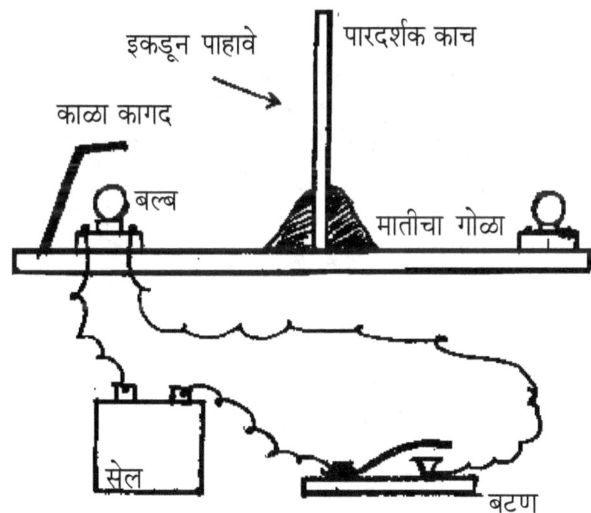

☐ ☐ ☐

आरशातील शुभेच्छा

लागणारे सामान : दोन कोरे कागद, एक कार्बन पेपर, आरसा, बॉलपेन.

कृती : दोन कोरे कागद एकमेकांना जोडून घ्या. ह्या दोन्ही कागदांपैकी खालच्या कागदाखाली कार्बन पेपर ठेवा. कार्बन पेपरची जी बाजू काळी असते ती कागदाकडून करा. वरच्या कागदावर बॉलपेनच्या साहाय्याने तुमचे नाव किंवा एखादी शुभेच्छा दाबून लिहा. वरचा कागद आता फाडून टाका. ही शुभेच्छा खालच्या कागदावर कार्बनमुळे कागदाच्या खालच्या बाजूने उमटेल. आणि तिच्यातील अक्षरे उलटी असतील ती सहज वाचता येणार नाहीत. तुमच्या छोट्या मित्रांना ती लवकर वाचता येणार नाहीत. अशा वेळी हा मजकूर उमटलेला कागद आरशासमोर धरा व कागदावरील मजकूर आरशात पाहा. तो सरळ दिसेल. आणि वाचण्यास सुलभ होईल. कागदावरील मजकूर आरशात पाहून वाचावयास तुम्हाला व तुमच्या मित्रांना मजा वाटेल.

(**तत्त्व :** आरशातील प्रतिमा उलटी असते.)

आरसा

कागदावरील अक्षरे

☐ ☐ ☐

पाण्यात मेणबत्ती जळते कशी?

लागणारे सामान : एक काच, एक मेणबत्ती, एक काचेचा पेला, पाणी.

कृती : काच टेबलावर उभी करा. ती सरळ उभी राहण्यासाठी तिच्या दोन्ही बाजूंनी दोन लाकडी चौकोनी ठोकळे आधार म्हणून लावा.

ह्या पारदर्शक काचेच्या समोर एक मेणबत्ती पेटवून उभी करा. मेणबत्तीपासून काचेचे जेवढे अंतर आहे तेवढे अंतर दोऱ्याने काचेच्या मागील बाजूस मोजून घ्या व त्या ठिकाणी पाण्याने भरलेला पेला ठेवा.

मेणबत्तीच्या बाजूने काचेतून पेल्याकडे पाहा. काचेतून पाहिले असता पाण्याने भरलेला पेला दिसतो. व त्या पाण्यात जळत असलेली मेणबत्ती दिसते.

पाण्यात मेणबत्ती जळत असतांना पाहून आपले छोटे मित्र नक्कीच तोंडात बोट घालतील.

□ □ □

त्रिकोणी काचेची गंमत

लागणारे सामान : २- १/२ सें. मी. रुंद व १५ सें. मी. लांब काचेच्या तीन पट्ट्या, काळा कागद.

कृती : वरील पट्ट्या आकृतीत दाखविल्याप्रमाणे दोऱ्याने एकत्र बांधून त्यावर काळा कागद चिकटवावा. म्हणजे त्रिकोणी नळी तयार होईल. ह्या त्रिकोणी नळीच्या एका तोंडाला पांढरा पातळ कागद चिकटवावा व त्याला खोबरेल तेल लावावे. नळीच्या दुसऱ्या तोंडातून रंगीत बांगड्यांचे बारीक तुकडे आत टाकावे. ह्या त्रिकोणी तोंडाला एक कागद लावून त्याला छिद्र पाडावे व त्या छिद्रातून नळीत पाहावे. नळीत अनेक रंगाची रांगोळी दिसेल. नळी थोडी थोडी फिरविल्यास आतील रांगोळी सुद्धा बदलत जाईल.

(**तत्त्व :** कोनामध्ये बसविलेल्या काचेमुळे रंगीत बांगड्यांच्या तुकड्याच्या अनेक प्रतिमा दिसतात.)

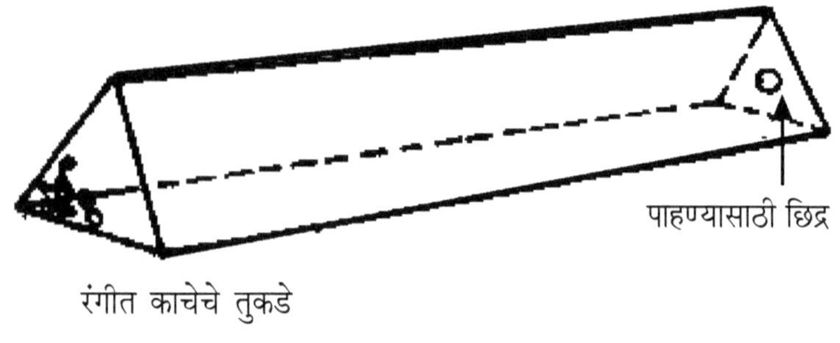

□ □ □

मेणबत्ती सुलटी पण प्रतिमा उलटी

लागणारे सामान : एक छोटी मेणबत्ती, पांढरा कागद, एक बाह्यगोल भिंग, ४-५ टाचण्या, थर्माकोलचे जाड तुकडे.

कृती : थर्माकोलच्या जाड तुकड्यावर चार टाचण्या उभ्या जवळ जवळ टोचून त्यांच्या मधील जागेत एक बाह्यगोल भिंग उभे करा. भिंगावर हाताच्या बोटाचे ठसे असतील तर ते फडक्याने पुसून स्वच्छ करा. थर्माकोलच्या दुसऱ्या तुकड्यावर एक मेणबत्ती उभी करा. थर्माकोलला मेणबत्तीएवढी खाच पाडून त्यात मेणबत्ती उभी करता येईल. तिसऱ्या थर्माकोलच्या तुकड्यावर पातळ पुठ्ठ्याचा चौकोनी तुकडा उभा करा व त्याला एका बाजूने पांढरा कागद चिकटवा.

आपल्या मित्रांना हा खेळ दाखविताना खोलीत अंधार करावा लागेल. खिडक्या व दारे बंद करून घ्यावे. हे सर्व सामान कोपऱ्यात नेऊन ठेवावे. आगपेटीच्या सहाय्याने मेणबत्ती पेटवावी. मेणबत्तीसमोर बाह्यगोल भिंग ठेवावे. व त्या पलीकडे पांढरा कागद लावलेला पुठ्ठा ठेवावा. मेणबत्तीपासून भिंगाचे अंतर कमी जास्त करून व भिंगापासून कागदाचे अंतर कमी जास्त करून मेणबत्तीच्या ज्योतीची अगदी स्पष्ट व रेखीव प्रतिमा कागदावर मिळेल असे पाहा. प्रतिमा स्पष्ट झाल्यावर तुम्हाला असे दिसेल की मेणबत्तीची प्रतिमा कागदावर उलटी दिसते आहे.

आता खिडकी उघडा. खिडकीसमोर बाह्यगोल भिंग धरा व खिडकीची प्रतिमा पांढऱ्या कागदावर घ्या. खिडकी, तिच्याबाहेरील झाड, उभी असणारी व्यक्ती या सर्वांची उलटी प्रतिमा कागदावर उमटलेली दिसते.

(**तत्त्व :** बाह्यगोल भिंगामुळे पदार्थाची उलटी प्रतिमा तयार होते.)

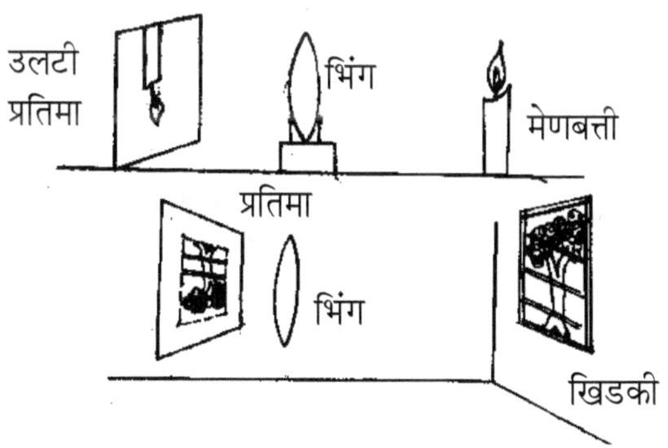

▫ ▫ ▫

हलणारी चित्रे (कार्टून)

लागणारे सामान : एक जाड पुस्तक, स्केच पेन.

कृती : एक जाड पण बिनकामाचे पुस्तक घ्या. त्याच्या पानाचा वरचा उजवा कोपरा रिकामा असतो. त्या रिकाम्या जागेत धावणारा, कवायत करणारा, चालणारा, उड्या मारणारा यापैकी एका हालचालीवर चित्र काढावयाची आहेत. चित्रे साधी रेखाकृती असावी पण प्रत्येक पानावरील चित्रात थोडा थोडा फरक करून ती हालचाल १०-१२ पानावर चित्रे काढून पूर्ण करावयाची आहे. अशा प्रकारे २०-३० पानावर कागदाच्या एकाच कोपऱ्यात स्केचपेनने चित्र काढल्यानंतर तो कोपरा हातात धरून भरभर पाने सोडल्यास आपण काढलेले रेखाचित्र कार्टूनप्रमाणे हालचाल करताना दिसते. आकृतीत सर्व हालचाली दाखविल्या आहेत.

(**तत्त्व :** दृष्टिसातत्यामुळे चित्रे हलताना दिसतात.)

आरशाची करामत

लागणारे सामान : छोटे छोटे दोन आरसे, एक मेणबत्ती, आगपेटी.

कृती : एक मेणबत्ती पेटवून टेबलावर उभी ठेवा. मेणबत्ती उभी ठेवण्यासाठी ओल्या मातीचा गोळा टेबलावर ठेवून त्यात मेणबत्तीचा खालचा भाग दाबून उभी करावी.

ह्या मेणबत्तीसमोर एक छोटा आरसा उभा ठेवावा. एक खरी मेणबत्ती व दुसरी आरशातील अशा दोन मेणबत्त्या दिसतील. दुसरा आरसा पहिल्या आरशाजवळ उभा ठेवावा व किंचित तिरपा करावा. दोन आरशात एक एक व एक खरी अशा तीन मेणबत्त्या दिसतील. आरसे आणखी तिरपे करा. प्रत्येक आरशात दोन दोन व खरी एक अशा पाच मेणबत्त्या दिसतील. आरसे पुन्हा तिरपे करावे मेणबत्त्या मोजाव्या त्या जास्त भरतात.

दोन्ही आरसे अलग अलग करावे व मेणबत्तीच्या दोन्ही बाजूंनी दोन एकमेकाकडे तोंड करून उभे करावे. त्यामुळे मेणबत्तीच्या अनेक प्रतिमा आरशात दिसतील. कदाचित तुम्हाला त्या प्रतिमा मोजणे कठीण जाईल.

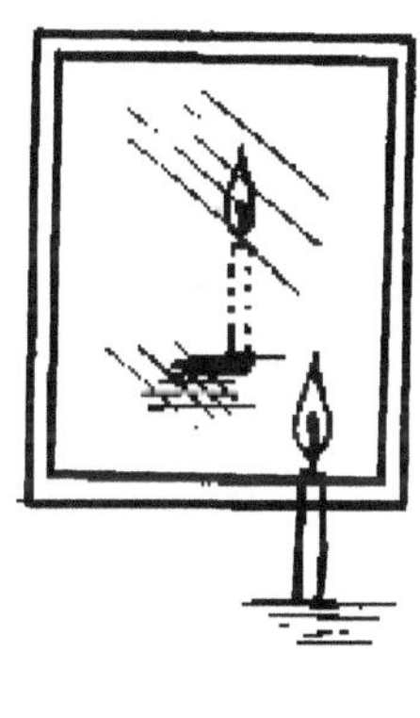

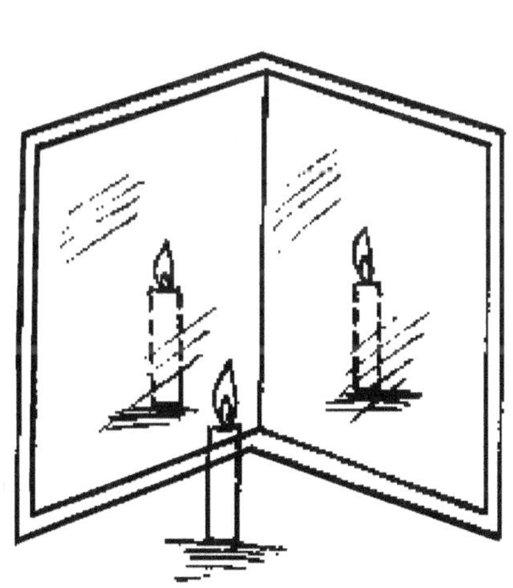

धुराच्या सरळ रेषा

लागणारे सामान : औषधाच्या बाटलीचे रिकामे खोके, पांढरा जिलेटीन पेपर, उदबत्ती, टार्च.

कृती : औषधाच्या बाटलीचे खोके घेऊन त्याची एक लांबट बाजू कापून काढावी व तेथे पांढरा पारदर्शक जिलेटीन पेपर चिकटवावा. ह्या जिलेटीन पेपर-मधून डब्याचा आतील भाग दिसतो. हा डबा टेबलावर आडवा ठेवा. त्याच्या खालच्या बाजूने एक भोक पाडून त्यातून एक जळती उदबत्ती आत घाला. डब्याच्या एका टोकाकडून जाड सुईने तीन छिद्रे पाडा.

डब्याच्या आत उदबत्तीचा पुरेसा धूर जमा झाला म्हणजे तीन छिद्रांतून टार्चचा प्रकाश खोक्यात सोडा. धुरामध्ये तीन सरळ रेषा दिसतील.

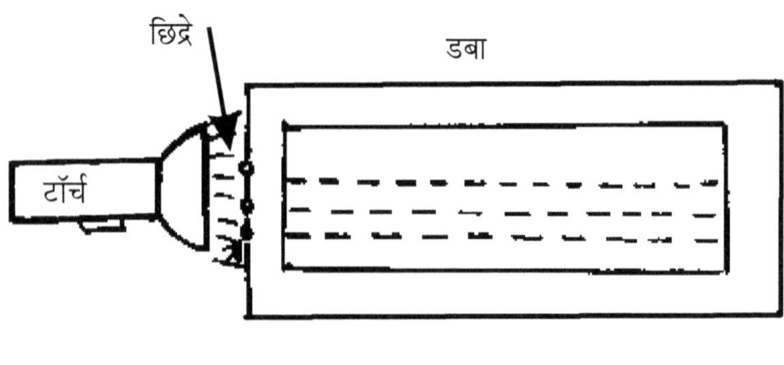

□ □ □

रंगीत भिंगरी – झाली पांढरी

लागणारे सामान : जाड पुठ्ठ्याचा तुकडा, कंपास पेटी, रंगाची पेटी, पेन्सीलीचा तुकडा.

कृती : जाड पुठ्ठ्याच्या तुकड्यावर कंपासच्या साहाय्याने एक वर्तुळ काढा. वर्तुळाचा आकार वाटीएवढा असावा. हे वर्तुळ कापून घ्या व त्यावर पांढरा कागद चिकटवून घ्या. ह्या पांढऱ्या वर्तुळाचे समान ७ भाग करून प्रत्येक भाग खाली दिलेल्या क्रमाने रंगाने रंगवा. तांबडा, नारिंगी, पिवळा, हिरवा, अस्मानी, निळा, जांभळा हे ते सात रंग आहेत.

पेन्सिलीचा तुकडा घेऊन त्याला एका बाजूने छिलून काढून दुसरीकडून सपाट राहू द्या. अगोदर तयार केलेल्या वर्तुळाच्या मध्यबिंदूच्या ठिकाणी पेन्सिलचा तुकडा जाईल एवढे छिद्र पाडा. पेन्सिल व पुठ्ठा यांच्या मधील भाग फेव्हीकॉल लावून बुजवा. त्यामुळे भिंगरीसुद्धा पक्की होईल. ही भिंगरी टेबलावर छान फिरते कारण पेन्सिल मधील शिसे नरम असते व त्याचे टेबलाशी घर्षण कमी होते. ही भिंगरी सात रंगाची बनलेली आहे. पण जेव्हा ती जोराने फिरते त्यावेळी पांढऱ्या मातकट रंगाची बनलेली आहे असे वाटते.

(**तत्त्व :** सात रंगांच्या एकत्रीकरणामुळे पांढरा रंग दिसतो.)

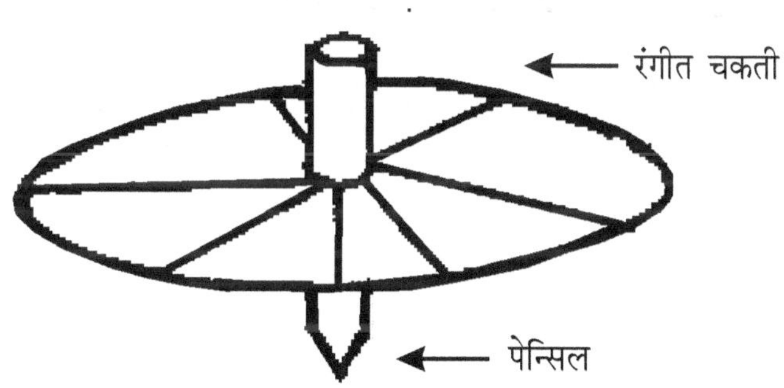

ससा पिंजऱ्यात

लागणारे सामान : एक जुने पोस्टकार्ड, पांढरा कागद, स्केचपेन.

कृती : जुन्या पोस्टकार्डवर पांढरा कागद चिकटवा. पांढऱ्या कागदावर एका बाजुला पिंजऱ्याचे चित्र काढा. व त्याच्या शेजारी सशाचे चित्र काढा. तयार झालेले चित्र हाताने डोळ्यासमोर धरा. दोन्ही डोळे उघडे ठेवून चित्र हळूहळू डोळ्याकडे आणा. चित्राकडे एकटक पाहात राहा. चित्र पुरेसे डोळ्याजवळ आले की, ससा पिंजऱ्यात बसलेला आहे असे दिसेल.

☐ ☐ ☐

पोहणारे बदक, फिरणारे मासे व तरंगणारे जहाज

लागणारे सामान : जुने वापरलेले दाढीचे ब्लेड, थर्मांकोलचे तुकडे, एक कोणत्याही प्रकारचा चुंबक.

कृती : थर्मांकोलच्या तुकड्यापासून बदकाची आकृती कापून घ्या. ह्या आकृतीत बुडाला खालच्या बाजूने दाढी करण्याचे एक ब्लेड पक्के बसवा. हे बदक पाण्यात ठेवले असता सरळ उभे राहिले पाहिजे.

एका पितळेच्या किंवा अल्युमिनियमच्या ताटात पाणी घेऊन हे ताट तीन विटांवर ठेवावे. ताटाच्या खालच्या बाजूने चुंबक फिरवा. त्याचवेळी पाण्यात तरंगणारे बदक सुद्धा पाण्यात फिरू लागेल.

पातळ थर्मांकोल कापून माशांचे आकार काढून घ्या. ह्या आकाराला एका बाजूने दाढीचे ब्लेड चिकटवा. हे मासे पाण्यात सोडताना ब्लेड पाण्याकडे असावे. म्हणजे त्यांच्यावर चुंबकाची क्रिया लवकर होते.

आकृतीत दाखविल्याप्रमाणे थर्मांकोलच्या तुकड्यापासून एक नावेचा आकार कापून घ्या. ह्या नावेच्या बुडाला खालच्या बाजूने ब्लेड लावावी. ही नाव पाण्यात सोडा व ताटाच्या खालून चुंबक फिरवा. चुंबक जिकडे जाईल तिकडे नाव चालत जाईल. चुंबक थांबला की, नाव थांबेल. ताटाखाली चुंबक फिरविण्यासाठी जर हात घुसत नसेल तर एक बांबूची चापट कामटी घ्या. तिच्या एका टोकावर चुंबक बांधा. चुंबक बांधण्यासाठी बारीक दोरा किंवा रबर बँड वापरा. कामटीचे दुसरे टोक हातात धरून चुंबकाचे टोक ताटाखाली घालून फिरवा. ताटातील पाण्यात बदक पोहू लागेल, मासे फिरू लागतील व जहाज तरंगू लागेल व आपल्याला वाटेल त्याप्रमाणे त्यांच्याशी आपण खेळू शकू.

(**तत्त्व :** चुंबकाकडे लोखंडी वस्तू ओढली जाते.)

❑ ❑ ❑

तरंगणारी सेफ्टीपीन व फूल

लागणारे सामान : एक मोठा चुंबक, सेफ्टीपीन, बारीक दोरा, कागदाचे फूल.

कृती : एक प्रबळ चुंबक घ्या. आकृतीत दाखविल्याप्रमाणे त्याला एका पुठ्ठ्यावर ठेवा. हा पुठ्ठा एका स्टँडला आडवा लावा. त्याच्या खालच्या बाजूला एक सेफ्टीपीन दोऱ्याने बांधून खालच्या बाजूला बांधा. पाहणाऱ्याला दोरा ताणलेला दिसेल व पीन उभी दिसेल. तिला थोडा धक्का लावला की ती हलते व पुन्हा चुंबकामुळे ओढली जाते व ताठ उभी राहते.

पातळ कागदाचे एक फूल तयार करून त्यात एक खिळा बसवा. ह्या खिळ्याला दोरा बांधून तो दोरा तळाशी पक्का करा. वरच्या बाजूला असाच जास्त शक्तीचा चुंबक ठेवा. चुंबकामुळे फूल सदैव उभेच राहील. पहाणाराला मात्र ते तसे उभे पाहून नवल वाटेल. चुंबक झाकून ठेवला तर आणखी मजा येईल.

(**तत्त्व :** चुंबकाकडे लोखंडी वस्तू ओढली जातात.)

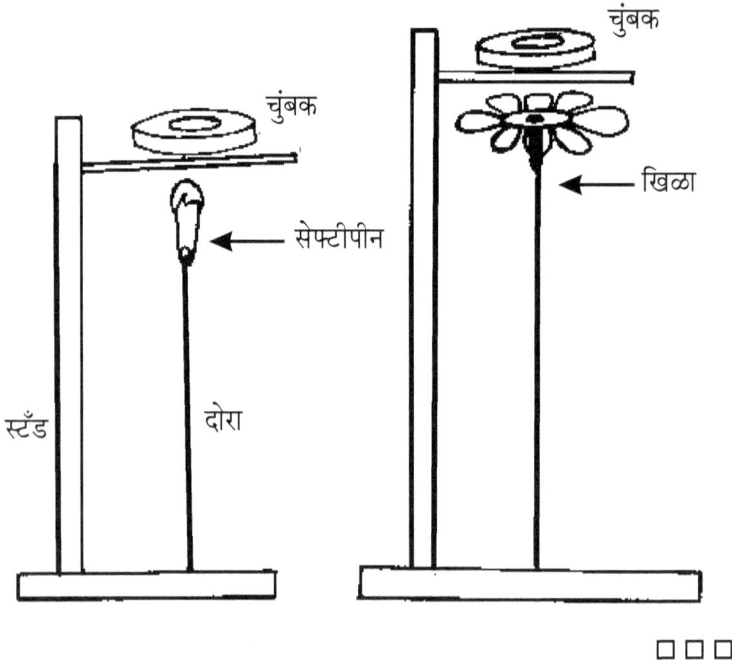

चुंबक किडा, जोकर आणि इतर

लागणारे सामान : एक प्रबळ चुंबक, थर्माकोलचे तुकडे, तारेचे तुकडे, टाचण्या, सेफ्टीपिना, टूथपेस्टचे बूच, सपाट काच.

थर्माकोलचे गोल तुकडे तयार करा. त्यांच्यात तारेचे तुकडे बसवून त्यापासून कोळी, किडा तयार करा. टूथपेस्टच्या झाकणावर नाक डोळे काढून जोकर तयार करा किंवा थर्माकोलच्या तुकड्यापासून लहान लहान वस्तू तयार करा. व त्यांच्या खालच्या बाजूला लोखंडी पट्ट्या लावा. वस्तू कोणतीही असो तिला खालच्या बाजूने लोखंडी सपाट पट्टी लावणे आवश्यक आहे.

दोन विटावर किंवा लाकडी ठोकळ्यावर एक सपाट काच आडवी ठेवा. ह्या काचेवर तुम्ही तयार केलेले प्राणी ठेवा. काचेच्या खालच्या बाजूने प्रबळ चुंबक फिरवा. वरचे प्राणी चुंबकाप्रमाणे मागे पुढे सरकू लागतील. त्यात ससा, कासव, कोळी, जोकर सर्व काही असेल. योग्य प्राणी योग्य वेळी फिरवून त्याची गोष्ट तयार करून सांगता येईल.

कागदाचे लहान लहान घोडे तयार करता येतील व त्यांच्या पायांना तारेचे तुकडे चिकटवून, काचेवर त्यांची शर्यत लावता येईल. अशा प्रकारे आपल्या कल्पनेप्रमाणे प्राणी, पक्षी, मानवी आकृत्या तयार कराव्या. त्यांच्या खालच्या बाजूला तार किंवा वापरलेले ब्लेड चिकटवावे व काचेवर त्यांचा खेळ तयार करावा.

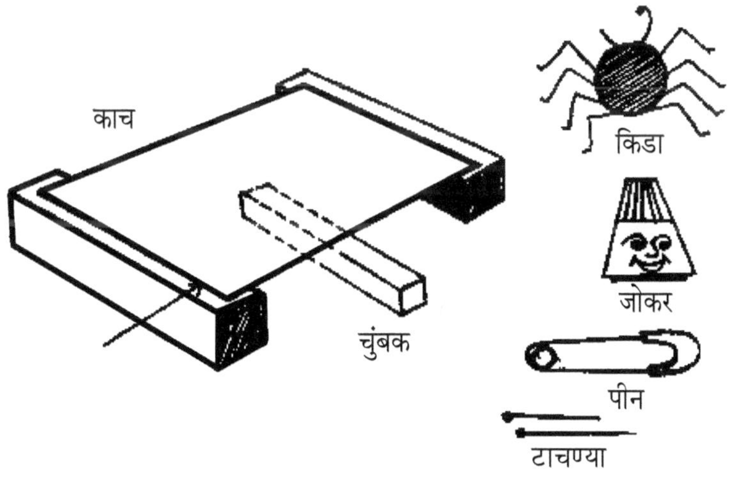

□ □ □

फुलाकडे फुलपाखरू – फळाकडे पक्षी !

लागणारे सामान : पातळ रंगीत कागदापासून फुलपाखरू व पक्षी यांचे आकार कापून घ्यावे; असे रंगीत चित्र वहीच्या कव्हरवर असतात. ते कापून घेतले तरी चालतात. थोडासा लोहकीस, फेव्हीकॉल, दोरा, छोटा चुंबक.

कृती : फुलपाखराच्या पंखाचा भाग सोडून शरीराचा जो भाग उरतो त्या भागावर दोन्ही बाजूंनी फेव्हीकॉल लावून लोहकीस टाकावा. अशा प्रकारे लोहकिसाचा जाड थर त्याच्या शरीरावर द्यावा. उडणाऱ्या पक्ष्याच्या चोचीवर व पायावर फेव्हीकॉल लावून त्या ठिकाणी सुद्धा भरपूर लोहकीस लावावा. पंखांना बारीक काळा दोरा बांधून त्यांना टांगावे. एका छोट्याशा फुलात उदा. झेंडू, कण्हेर, गुलाब यांच्या फुलात एक छोटा चुंबक दाबून बसवावा. तुमच्या मित्रांना तो दिसू नये. ते फूल फुलपाखराजवळ आणावे. फुलपाखरू त्याकडे झेप घेईल. फूल जिकडे जिकडे जाईल तिकडे तिकडे फुलपाखरू येईल. फक्त काही मर्यादेपर्यंत. त्याचप्रमाणे एखाद्या छोट्या फळात उदा. बोर, चिंच, लिंबू या फळात दुसरा छोटा चुंबक दाबून बसवावा. व ते फळ पक्ष्याकडे आणावे. पक्षी त्याच्याकडे ओढला जाईल. काही मर्यादेपर्यंत पक्षी फळाच्या मागे मागे जाईल. चुंबक लोखंडी पदार्थांना ओढतो. तसाच फुलात ठेवलेला चुंबक फुलपाखराच्या शरीरावर लावलेल्या लोहकिसाला ओढतो व फुलपाखरू फुलाकडे येऊ लागते.

किल्ली फलक

लागणारे सामान : थर्माकोलचा तुकडा, कोणत्याही प्रकारचा गोल, चौकोनी, चापट लोहचुंबक, रंगीत कागद.

कृती : थर्माकोलचा तुकडा घेऊन आपणास आवडेल असा आकार कापून घ्या. हा आकार भिंतीवर टांगण्यासाठी त्याला वरच्या बाजूकडे छिद्र पाडा. थर्माकोलच्या आकाराच्या खालच्या बाजूस चुंबकाच्या आकाराएवढे छिद्र पाडा. ह्या कोरलेल्या आकारात तुमच्या जवळ असलेला लोहचुंबक पक्का दाबून बसवा. लोहचुंबक पडू नये म्हणून व तो दिसू नये म्हणून तो बसविलेल्या छिद्रावर व संपूर्ण थर्माकोलवर रंगीत कागद फेव्हीकॉलने चिकटवा. चुंबक कोणत्या ठिकाणी बसविलेला आहे हे फक्त तुम्हालाच माहीत आहे. नवीन मित्रांना तो रंगीत कागदाखाली लपलेला असल्याने दिसणार नाही. हा थर्माकोल भिंतीवरील खिळ्यात अडकवून टाका. चुंबक बसविलेल्या ठिकाणी किल्ली ठेवा. ती चिकटून बसेल. दुसरी किल्ली ठेवा. ती सुद्धा चिकटेल. किल्ल्या ठेवण्यासाठी फलकाचा उपयोग होईल. लोहचुंबकाला लोखंडी वस्तू चिकटतात म्हणून सुई, ब्लेड ह्या वस्तूसुद्धा हरवू नयेत म्हणून त्यावर चिकटवून ठेवता येतील.

अशा प्रकारे लोखंडी छोट्या वस्तू ठेवण्यासाठी ह्या किल्ली फलकाचा उपयोग करता येईल.

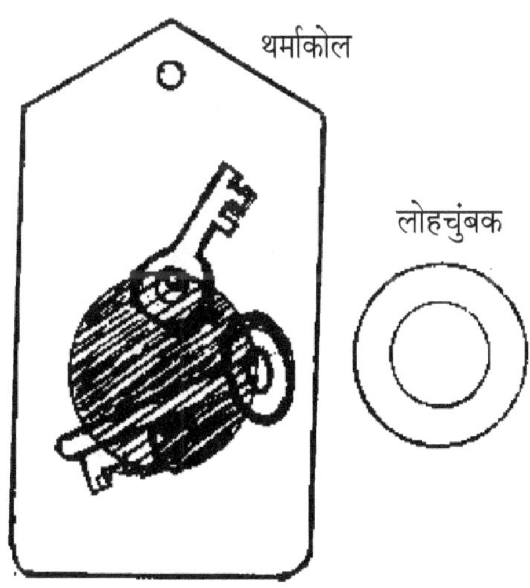

कण कण वेचू या – लोहकीस जमवू या !

लागणारे सामान : कोणत्याही प्रकारचा मोठा चुंबक, प्लॅस्टिकची डबी, कागद.

कृती : रेडिओच्या स्पीकरमधील चुंबक घेतला तरी चालतो किंवा मोटरमध्ये असतात तसल्या प्रकारचा कोणताही चुंबक चालेल. ज्या ठिकाणी वर्दळीचा रस्ता आहे तेथे आपण बसावे. रस्ता मातीचा असावा. गिट्टी किंवा डांबर रोड नसावा. चुंबक हातात धरून रस्त्याच्या कोरड्या मातीत घासावा. दोन मिनिटे घासून बाहेर काढावा. त्याच्या चारही बाजूंनी लोखंडाचे बारीक कण चिकटलेले दिसतील. ते हाताने ओरबाडून कागदावर जमा करावे. चुंबक पूर्ण साफ करून पुन्हा मातीत घासावा व बाहेर काढावा. त्याला पुन्हा कीस चिकटलेला दिसेल. तो बोटांनी ओरबाडून कागदावर जमा करावा. अशा प्रकारे भरपूर प्रमाणात कीस जमा होत जाईल. एका ठिकाणचा झाला की, जागा बदलून चुंबक घासावा. शेतातील काळ्या मातीतसुद्धा भरपूर लोहकण सापडतात. म्हणून कधीतरी शेतात गेले तर चुंबक घेऊन जा व लोहकीस जमा करून आणा. शेजारी एखादे वर्कशॉप असेल तर त्या ठिकाणी घासणे, तासणे ह्या क्रिया नेहमीच चालू असतात. छोट्या चुंबकाने जर तेथे पडलेला बारीक लोहकीस जमा केला तरी चालतो. अशा प्रकारे जमा झालेला लोहकीस प्लॅस्टिकच्या डबीत भरून ठेवावा व तिला घट्ट झाकण लावावे.

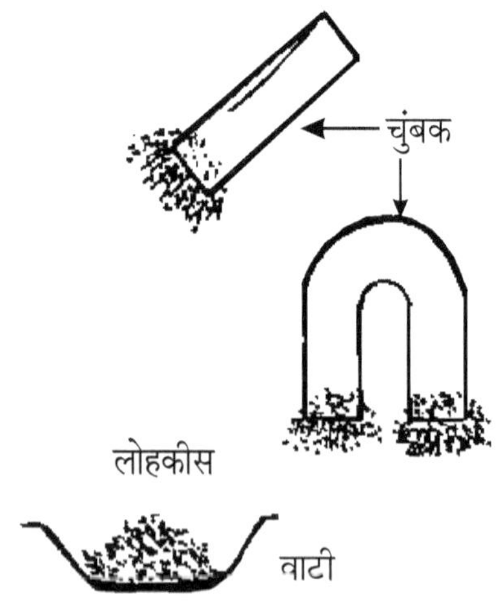

▢ ▢ ▢

लोहकिसाचा नकाशा

लागणारे सामान : कोणत्याही प्रकारचा एक मोठा चुंबक, जुने वर्तमानपत्र.

कृती: अंगणात माती असते. अशा मातीत चुंबक टाका व त्याला मातीत मागे पुढे घासा व वर उचला. त्याला बारीक माती चिकटलेली दिसते. ही जमिनीत असणाऱ्या लोखंडाची भुकटी असते. चुंबकापासून हाताने ओरबाडून ती भुकटी वर्तमानपत्रावर जमा करा. चुंबक पुन्हा मातीत घुसळा, पुन्हा भुकटी चुंबकाला चिकटेल. ती हाताने ओरबाडून पेपरवर जमा करा. अशी बरीच भुकटी जमा करा.

एक चुंबक टेबलावर सपाट ठेवा. त्यावर एक पांढरा कागद पसरून ठेवा. पांढऱ्या कागदावर आपण जमा केलेली लोखंडी किसाची भुकटी थोड्या अंतरावरून टाका. म्हणजे ती कागदावर सर्वत्र सारखी पडते. कागदावर बोटाने टिचक्या मारा. चुंबकाचा जसा आकार असेल त्याप्रमाणे नकाशा उमटू लागेल. हे नकाशाचे आकार काही ठराविक आकाराचे असतात. ते पाहताना चांगले मनोरंजन होते. कागदाच्या खाली जर दोन चुंबक ठेवले तर नकाशा आणखी वेगळा दिसतो.

☐ ☐ ☐

कसेही हलवा – उत्तर दक्षिण स्थिर

लागणारे सामान : वर्तुळाकृती चुंबक रेडिओच्या स्पिकरमध्ये असतो तसा, जाड लोखंडी खिळा, बारीक बीन पिळाचा दोरा.

कृती : चुंबकाला आकृतीत दाखविल्याप्रमाणे बारीक दोरा बांधा व टांगा. गोल चुंबक दोन प्रकारचे असतात. छोट्या मोटारमधील व जुन्या स्पीकरमधील. त्यापैकी ह्या खेळात वापरलेला चुंबक स्पीकरमधील आहे. चुंबक टांगण्यासाठी एखाद्या खुंटीला दोऱ्याचे वरचे टोक बांधले तरी चालते. चुंबकाच्या आतील पोकळ जागेत एक लोखंडी जाड खिळा समतोल पाहून ठेवावा.

बऱ्याच वेळाने चुंबक स्थिर झाल्यावर खिळ्याचे एक टोक उत्तरेकडे व दुसरे टोक दक्षिणेकडे स्थिर झालेले दिसेल. खिळ्याला आपण हेलकावा दिला तरी तो स्थिर झाल्यावर दक्षिण उत्तर ह्याच दिशा दाखवील.

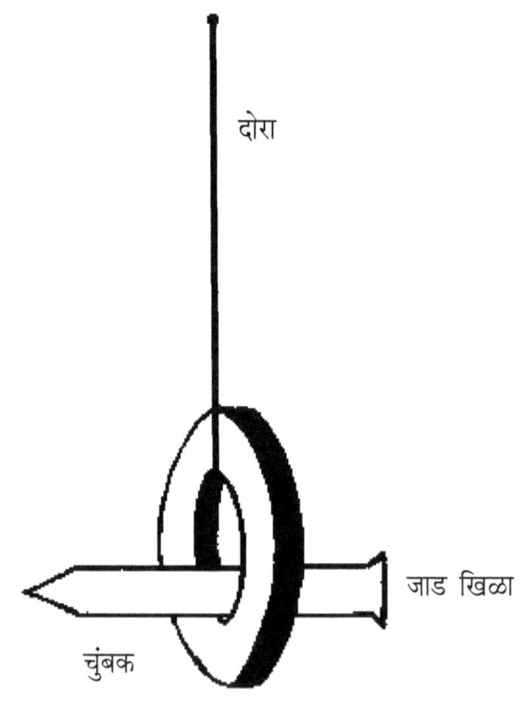

□ □ □

सुईमध्ये-ब्लेडमध्ये चुंबकत्व

लागणारे सामान : एक मोठा चुंबक, सुई, दाढी करण्याचे वापरलेले ब्लेड, लाकडी बूच, काचेची, प्लॅस्टिकची किंवा चिनीमातीची वाटी, पाणी, थर्माकोलचा तुकडा.

कृती : टेबलावर सुई आडवी ठेवा. तिच्या एका टोकावर चुंबकाचे टोक ठेवावे व घासत घासत ओढत दुसऱ्या टोकापर्यंत न्या. तेथे गेल्यावर चुंबकाचे टोक उचलून तेच टोक सुईच्या पहिल्या टोकावर ठेवा. पुन्हा सुईवरून घासत घासत दुसऱ्या टोकापर्यंत न्या. अशा प्रकारे चुंबकाच्या एकाच टोकाने १००/ १५० वेळा घासून झाल्यावर सुई उचलून घ्या व लोखंडाच्या किसात बुडवून पाहा. लोखंडी कीस त्याला चिकटतो असे दिसेल. म्हणजे ही सुईसुद्धा चुंबक बनली आहे.

हीच कृती करून दाढी करण्याच्या वापरलेल्या ब्लेडमध्ये चुंबकत्व आणता येते.

एक छोटेसे लाकडी बूच घ्यावे किंवा बूच न मिळाल्यास थर्माकोलचा तुकडा घ्यावा. तो पाण्यावर तरंगतो. त्यावर अलगद सुई ठेवावी. ज्या ठिकाणी हवा लागत नाही अशा शांत ठिकाणी पाण्याने भरलेली चिनीमातीची वाटी ठेवावी. त्या वाटीतील पाण्यावर सुई ठेवलेला थर्माकोलचा तुकडा ठेवावा. सुई स्थिर झाल्यावर तिचे एक टोक उत्तरेकडे व दुसरे टोक दक्षिणेकडे राहील.

थर्माकोलला धक्का लावून सुईची दिशा बदलली तरी ती स्थिर झाल्यावर दक्षिण उत्तर स्थिर होते. थर्माकोलच्या तुकड्यावर ब्लेड ठेवले तरी ते उत्तर-दक्षिण दिशा दाखविते.

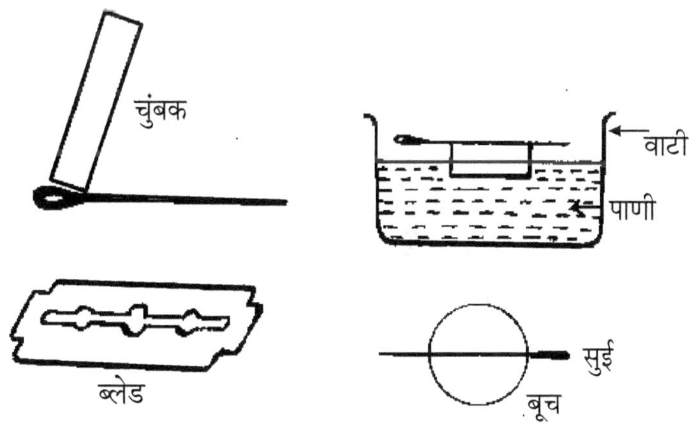

□ □ □

केव्हाही पाहा – उत्तर, दक्षिण

लागणारे सामान : बूच, दोन मोठ्या सुया, मातीच्या गोळ्याचा स्टँड, प्रबळ चुंबक.

कृती : एक सुई घेऊन तिला प्रबळ चुंबकाने एकाच दिशेने बराच वेळ घासून तिच्यात चुंबकत्व आणा. एक बूच घेऊन बुचाच्या मध्यातून ही चुंबक झालेली सुई आरपार घाला. किंवा बुचाच्या वरच्या बाजूला खाच पाडून बसवा. बुचाला खालच्या बाजूने अर्ध्यापर्यंत छिद्र पाडून त्यात इंजेक्शनच्या अँपुलचे निमुळते टोक घट्ट बसवा.

एका मातीच्या गोळ्यात एक लांब सुई तिचे टोक वर करून बसवा. त्या सुईच्या टोकावर हे बूच ठेवा म्हणजे ते सहज फिरते राहील. ह्या आडव्या सुईचे एक टोक उत्तर दिशा दाखवील व दुसरे टोक दक्षिण दिशा दाखवील.

उत्तर दक्षिण

□ □ □

दूर पळणारे फुगे

लागणारे सामान : बाजारात मिळणारे दोन गोल रबरी फुगे, रंग, ब्रश, लोकरीचे कापड.

कृती : बाजारातून दोन गोल रबरी फुगे विकत आणा. प्रत्येक फुगा फुगवून त्याच्या तोंडाला घट्ट दोऱ्याने बांधून घ्या. फुग्यावर रंग व ब्रशच्या साहाय्याने चेहऱ्याचा आकार काढा. रंग वाळल्यावर एका फुग्याला लोकरीच्या कापडाने घासा व दोऱ्याने भिंतीला टांगून घ्या. हा फुगा भिंतीला चिकटून बसेल.

दुसऱ्या फुग्याला पहिल्या फुग्याप्रमाणेच लोकरीच्या कापडाने घासा. दुसरा फुगा पहिल्या फुग्याजवळच टांगा. दोन्ही फुगे एकमेकांपासून दूर पळतील. त्यांना बळजबरीने जवळ आणले तरी ते दूर पळतात.

दोन्ही फुग्याच्या मधोमध जर आपण आपला हात किंवा चेहरा आणल्यास दोन्ही फुगे दोन बाजूंनी हाताला चिकटतील.

(**तत्त्व :** रबरी फुग्याला लोकरीच्या कापडाने घासले की त्यात वीज तयार होते.)

दूर पळणारे फुगे

☐ ☐ ☐

पळणारे विमान

लागणारे सामान : अॅल्युमिनियमचा किंवा बेगडी कागद, बारीक दोरा, कंगवा.

कृती : अॅल्युमिनियमच्या कागदापासून एका विमानाचा आकार तयार करा. त्याच्या वजनाचा मध्यबिंदू काढून तेथे दोरा बांधा. दोऱ्याचे दुसरे टोक एखाद्या खुंटीला टांगून विमान लोंबते ठेवा.

कोरड्या केसात कंगवा बराच वेळ फिरवा नंतर कंगवा विमानाजवळ आणा. विमान कंगव्याकडे ओढले जाते व कंगव्याला चिकटते व लगेच दूर पळते. आपण कंगवा त्याच्याकडे नेला तरी ते दूर-दूर पळत राहते.

(**तत्त्व :** सजातीय विद्युत एकमेकींला दूर लोटते.)

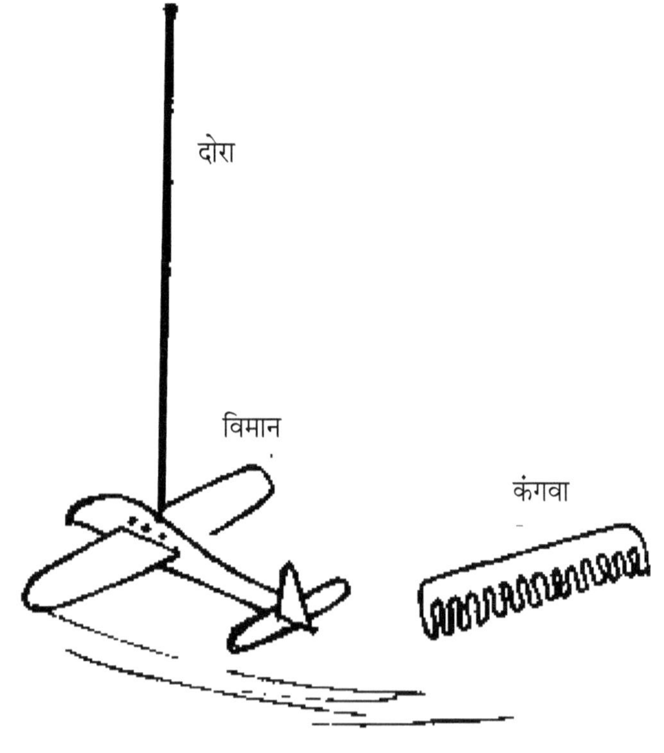

भिंतीला चिकटणारा फुगा

लागणारे सामान : बाजारात मिळणारे साधे रंगीत फुगे.

कृती : लहान-मोठे रंगीत फुगे तोंडाने हवा भरून फुगवा व त्यांची तोंडे पक्की बांधून घ्या. ह्या फुग्यांना लोकरीच्या कपड्यांनी बाहेरून घासा व भिंतीजवळ सोडा. फुगा भिंतीला चिकटून बसेल. अशाच प्रकारे अनेक रंगाचे फुगे फुगवून भिंतीला चिकटवा. थोड्या वेळाने ते खाली पडतात. त्यांना पुन्हा लोकरीच्या कापडाने घासून भिंतीला चिकटविता येतात.

(**तत्त्व :** फुग्यावर तयार झालेल्या विजेमुळे फुगे भिंतीला चिकटतात.)

थर्माकोलच्या गोळ्या व कंगवा

लागणारे सामान : थर्माकोलचे तुकडे, बारीक दोरा, कंगवा, बेगडी (ॲल्युमिनियम) कागद.

कृती : थर्माकोलच्या तुकड्यापासून काही गोल, चौकोनी लहान लहान आकार तयार करावे. त्यांना बारीक आणि लांब दोरा बांधून टांगावे.

डोक्याच्या कोरड्या केसात कंगवा जोरजोरात फिरवावा व हा कंगवा थर्माकोलच्या तुकड्याजवळ आणावा. दोऱ्याने टांगलेले सर्व तुकडे कंगव्याला येऊन चिकटतात.

थर्माकोलला हाताने चोळून त्याचे बारीक गोल दाणे करता येतात तसे बारीक दाणे टेबलावर पसरून ठेवा. कंगवा केसात जोराने घासून ह्या दाण्याजवळ आणा. टेबलावरील थर्मोकोलचे बारीक दाणे उड्या मारून कंगव्याला चिकटतात. कंगव्याच्या ऐवजी प्लॅस्टिकची कोणतीही वस्तू केसांना घासून वापरली तरी चालते.

थर्माकोलच्या टांगलेल्या तुकड्यांना बेगडी कागद गुंडाळा व अशा दोन गोळ्या तयार करा. दोन्ही गोळ्या एकमेकींना टेकतील अशा रीतीने उभ्या टांगा. केसात कंगवा जोराने फिरवून त्याचा स्पर्श एका गोळीला करा. दोन्ही गोळ्या एकमेकींना टेकलेल्या आहेत. त्या एकदम एकमेकीपासून दूर होतील. अशा प्रकारे थर्माकोलच्या गोळ्या व कंगवा यापासून बरेच खेळ खेळता येतील. तुमच्या कल्पनेप्रमाणे त्यात बदल करून पाहावे.

(तत्त्व : कंगव्यावर वीज तयार होते, त्यामुळे थर्माकोलच्या गोळ्या कंगव्याकडे ओढल्या जातात.)

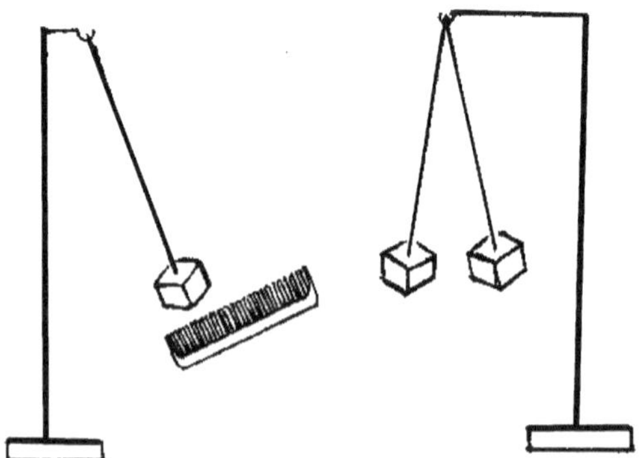

□ □ □

तेलाने चित्र काढणे

लागणारे सामान : पारदर्शक काच, दोन चौकोनी लाकडी ठोकळे किंवा जाड पुस्तके, लाकडाचा भुसा, गोडे तेल थोडेसे, रेशमाचे कापड.

कृती : एका पारदर्शक काचेवर तेलाच्या साहाय्याने फूल, पान, झाडाची कुंडी, घर अशा प्रकारचे कोणतेही चित्र ब्रशने काढा. हे चित्र काढताना तेल मोजकेच वापरावे. काच सपाट ठेवावी. दोन लाकडी ठोकळे किंवा जाड पुस्तके दूर दूर ठेवून त्यावर ही काच पटकन उलटी ठेवा म्हणजे तेलाने काढलेले चित्र जमिनीकडे जाईल. काचेच्या खाली बारीक भुसा पसरावा. ह्या काचेला वरच्या बाजूने रेशमी कापडाने जोरजोराने घासा. थोड्याच वेळात जमिनीवर पसरलेला भुसा उडी मारून काचेला येऊन चिकटू लागतो. इतर ठिकाणी चिकटलेला भुसा थोड्या वेळाने खाली पडतो पण जो भुसा तेलावर चिकटतो तो मात्र खाली पडत नाही. अशा प्रकारे काचेला वरून घासणे सुरूच ठेवावे. त्यामुळे खालचा भुसा चिकटणे सुरूच राहील. अशा प्रकारे पूर्ण तेलावर भुशाचा थर चिकटून चित्र तयार होईल.

तुमच्या मित्राला मात्र सांगू नका की काचेला खालून तेल लावलेले आहे. नाही तर सर्व खेळातील मजा निघून जाईल. त्याला फक्त काच ठेवलेली आहे इतकेच माहिती पाहिजे. म्हणजे काचेवर चित्र तयार झाल्यावर त्याला गंमत वाटेल.

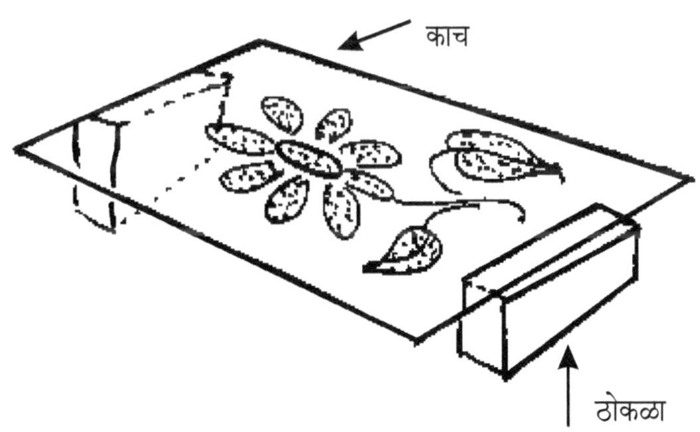

□ □ □

नाचणाऱ्या बाहुल्या

लागणारे सामान : एक सपाट पारदर्शक काच, दोन लाकडी ठोकळे, पातळ कागदाचे छोटे छोटे बाहुल्यांचे आकार, रेशमी कापड.

कृती : दोन लाकडी ठोकळे दूर दूर ठेवून त्यांच्यावर काच सपाट ठेवावी. ह्या काचेखाली कागदाचे छोटे छोटे आकार ठेवावे.

रेशमाचे कापड सपाट काचेला वरून घासावे. थोड्या वेळात काचेखाली असणारे कागदाचे आकार उडी मारून काचेला चिकटतात. खाली पडतात व पुन्हा उडी मारून काचेला चिकटतात. अशा प्रकारे आपण रेशमी कापडाने जोपर्यंत काचेला घासत राहू तोपर्यंत ही क्रिया सुरूच राहते.

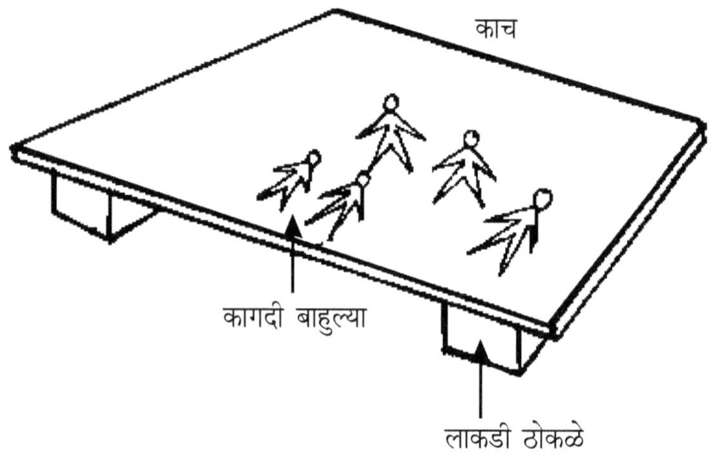

काही नवीन सामानाची ओळख

आकृती (१) मध्ये टॉर्च मध्ये टाकावयाचा मोठा सेल दाखविला आहे. याला बाहेरून कागदी किंवा पत्र्याचे वेष्टन असते. वरच्या बाजूला मध्यभागी धातूची टोपी असते. ह्या टोपीपासून विजेचा प्रवाह निघतो व वायरमधून सेलच्या बुडामध्ये येतो. म्हणून प्रवाह देणारे टोक (+) व घेणारे टोक (-) समजतात. अशाच प्रकारचा छोटा सेल आकृती (२) मध्ये दाखविला आहे. रचना अगदी सारखी फक्त आकार लहान आहे.

आकृती (३) मध्ये बल्ब दाखविला आहे. ह्याच्यातून विजेचा प्रवाह पाठविला की, ह्यामध्ये असणारी तार तापून पांढरी शुभ्र होते व प्रकाश बाहेर पडतो. आकृती (४) मध्ये बल्बचा दुसरा प्रकार दाखविला आहे. रचना तीच पण आकार मात्र वेगळा आहे. पहिल्या बल्बला आटे आहेत. दुसरा मात्र बाहेरून सपाट आहे.

बल्बच्या आतील तारेचे टोक बाहेरच्या टोपणाला जोडलेले असते व दुसरे टोक खालच्या टोकाला जोडलेले असते. सेलमधून निघणारा प्रवाह बल्बच्या तारेमधून फिरून सेलमध्ये वापस गेला म्हणजे सर्किट पूर्ण झाले असे म्हणतात. सर्किट पूर्ण होण्यासाठी वायरच्या तुकड्याची गरज असते. सर्किट पूर्ण कसे होते ते पुढच्या प्रकरणात पाहू. बल्ब धरून ठेवण्यासाठी व सर्किट पूर्ण करण्यासाठी एक बैठक मिळते त्याला होल्डर म्हणतात. ह्या होल्डरमध्ये बल्ब पटकन बसविता येतो व पटकन काढता येतो. बल्ब व सेल जोडल्यावर तो चालू बंद करता यावा म्हणून सर्किटमध्ये बटण बसवावे लागते. आकृती (६) मध्ये बटणाची आकृती दाखविली आहे. ह्या बटणालासुद्धा दोन टोके असतात.

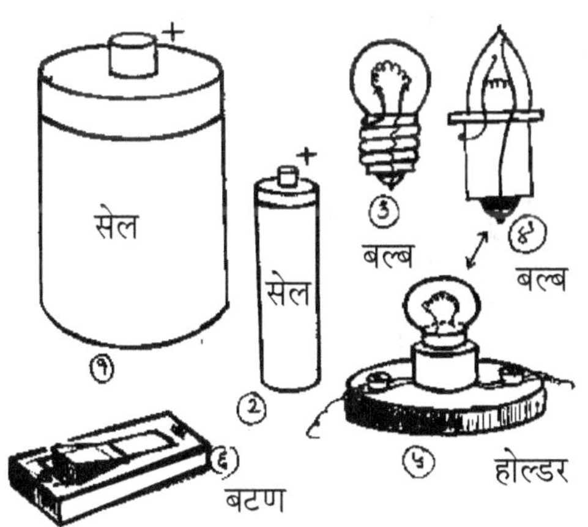

□ □ □

सर्किट जोडण्याचा सराव करणे

लागणारे सामान : सेल, वायरचे दोन तुकडे, बल्ब.

सर्किट जोडल्याशिवाय बल्बपासून प्रकाश मिळत नाही. म्हणून सर्किट किती प्रकाराने जोडता येते ते पाहू.

१) सेलच्या वरच्या बाजूला असलेल्या टोपणावर बल्बचे खालच्या बाजूचे टोक दाबून धरा. वायरचा एक तुकडा घेऊन त्यातील तांब्याची तार बल्बच्या टोपणावर टेकवा. ह्याच वायरचे दुसरे टोक सेलच्या बुडाला खालून मध्यभागी टेकवा. बल्बचा प्रकाश पडणे सरू होईल. हा खेळ पुनः पुन्हा खेळून पाहा. वायर रबरी किंवा प्लॅस्टिकची असते व त्यात तांब्याची तार असते. ह्या तारेतूनच विजेचा प्रवाह वाहतो. वायरच्या टोकावरील प्लॅस्टिकचे आवरण जास्त काढून टाकून तांब्याच्या तारांनी बल्बभोवती वेढे घ्या म्हणजे वायर धरून ठेवायचे काम नाही.

२) सेल उलटा करा. त्याच्या बुडावर बल्बचे बुड टेकवा. वायरचे दुसरे टोक सेलच्या टोपणाला लावा. बल्ब लागतो असे दिसेल. म्हणजे सेल उलटा असो किंवा सरळ असो सर्किट जोडले की, बल्ब लागतो.

३) सेलपासून दूर बल्ब लावायचा असेल तर सेलच्या वरच्या टोपणाला एक वायर लावावी. त्याचे मोकळे टोक दूर ठेवावे. दुसरे वायर सेलच्या बुडाला लावावे. ते सुद्धा दूर ठेवावे. ह्या मोकळ्या टोकापैकी एक टोक बल्बच्या टोपणाला जोडावे व दुसरे टोक बल्बच्या खालील टोकाला जोडावे. बल्ब लागतो व प्रकाश पडतो. हा खेळ वारंवार खेळल्याने सर्किट कसे जोडतात व सर्किट पूर्ण कसे होते हे लक्षात येईल. बल्ब लागला नाही तर सर्किट पूर्ण झाले नाही, ते चुकले असे समजावे.

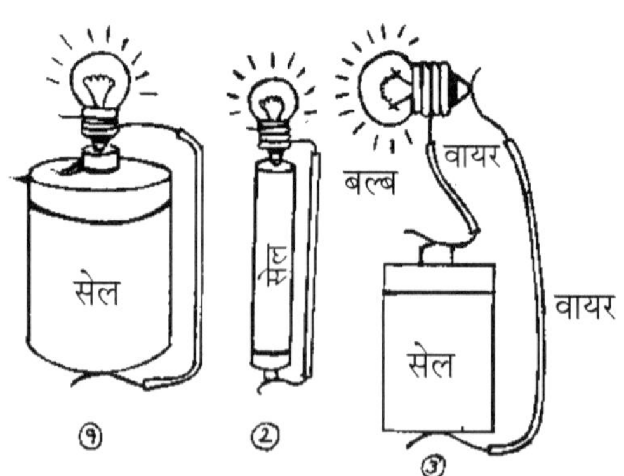

अनेक सेलवर एक बल्ब लावणे

लागणारे सामान : तीन टॉर्च सेल, एक बल्ब, वायरचे दोन तुकडे.

मागच्या खेळात एका सेलवर एक बल्ब लावला होता त्याचा प्रकाश मोजकाच पडतो. ज्यावेळी आपणास जास्त प्रकाश हवा असतो त्यावेळी टॉर्च सेलची संख्या वाढवावी लागते.

सेलच्या टोपणावरच बल्ब लावायचा असेल तर तीन सेल एकावर एक सरळ उभे करावे. खालच्या सेलच्या टोपणावर वरच्या सेलचे बुड ठेवावे. ह्या सेलच्या वरच्या टोपणावर वरच्या सेलचे बुड ठेवावे. सगळ्यात वरच्या सेलच्या टोपणावर बल्ब उभा धरून ठेवावा. सगळ्यात खालच्या सेलच्या बुडाखाली वायरचे टोक दाबून धरावे. ह्याच वायरचे दुसरे टोक सेलवर उभ्या धरलेल्या बल्बच्या टोपणाला लावावे. सर्किट पूर्ण होऊन बल्ब चांगला प्रकाशमान लागतो.

सेलपासून दूर अंतरावर बल्ब लावायचा असेल तर आकृतीत दाखविल्याप्रमाणे दोन वायरचे तुकडे वापरावे लागतील. एका खोलीत सेल ठेवून दुसऱ्या खोलीत वायर नेऊन बल्ब लावता येईल. तीन सेल हाताने धरून ठेवणे त्रासदायक होते अशा वेळी तीनही सेलच्या उंचीएवढा जाड कागद ठेवून तो सेलच्या भोवती गुंडाळावा व त्याला समान अंतरावर तीन रबर बँड लावावे. म्हणजे सेल सरळ धरणे सोईचे होईल. नेहमीच बल्बच्या भोवती वायर गुंडाळणे त्रासदायक होते. अशा वेळी छोटे होल्डर वापरावे व त्यात बल्ब बसवावा.

□ □ □

सर्किटसाठी बटण तयार करणे

लागणारे सामान : टॉर्चचे दोन सेल, बल्ब होल्डर, बल्ब, छोटी लाकडी पाटी, एक सेफ्टी पीन, काही लहान खिळे, वायरचे तुकडे.

एका लाकडी पाटीवर एक सेफ्टीपीन आडवी ठेवा. तिच्या लहान छिद्रात एक खिळा उभा ठोकून द्या. या खिळ्याला वायरचे उघडे टोक गुंडाळून टाका. सेफ्टी पीन फिरवून बघा. खिळ्याजवळच दुसरा खिळा ठोकून द्या. सेफ्टी पीन फिरवून या खिळ्याला टेकली पाहिजे. दुसऱ्या खिळ्याला दुसरी वायर जोडा. या वायरचे टोक होल्डरच्या एका नटाला जोडा. होल्डरच्या दुसऱ्या नटाला वायर जोडून त्याचे टोक सेलच्या बुडाकडे लावा. एका मागे एक याप्रमाणे सेल ठेवून वरच्या टोकाला पीनला खिळा ठोकलेला आहे तो वायरने जोडा. सेफ्टी पीन खिळ्याला टेकवून न ठेवता थोडी दूर ठेवा. सेलच्या टोपणातून निघालेला वीजप्रवाह सेफ्टी पीनमध्ये येऊन थांबला आहे. त्यामुळे सर्किट बंद आहे. म्हणून बल्ब लागला नाही. सेफ्टी पीन फिरवून खिळ्याला टेकविली म्हणजे सेफ्टी पीनमधील वीज खिळ्यात, तेथून बल्बच्या होल्डरमधून बल्बमध्ये तेथून निघून सेलच्या बुडात वापस येतो व सर्किट पूर्ण होते व बल्ब लागतो. पीन हलवून बल्ब चालू बंद करता येतो म्हणजे या ठिकाणी पीन बटनाचे काम करते. हा खेळ सेलवर चालणारा असल्याने त्याचा शॉक लागत नाही. आपले सर्व खेळ सेलच्या साहाय्यानेच खेळावयाचे आहेत. म्हणून घरातील प्लग, होल्डर, बटण यांना हात लावू नये.

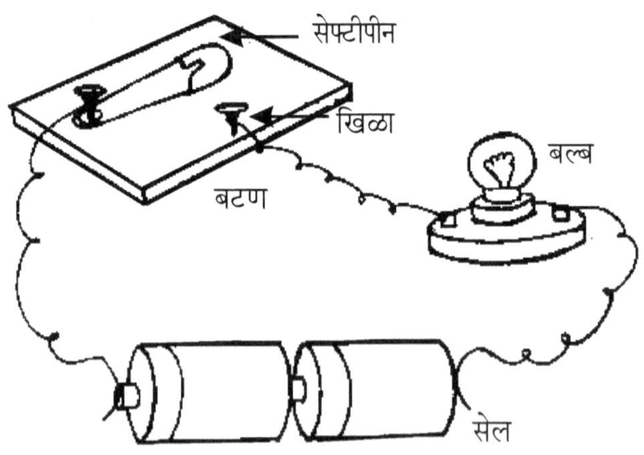

मिठाचे पाणी करते बटणाचे काम

लागणारे सामान : दोन टॉर्च सेल, वायरचे तीन तुकडे, छोटा बल्ब, छोटे होल्डर, मीठ, पाणी, वाटी.

शेजारच्या आकृतीत दाखविल्याप्रमाणे दोन सेल एकमेकाला टेकवून ठेवा. सेलच्या बुडाकडील वायर बल्बच्या होल्डरला, होल्डरचे दुसरे वायर मोकळेच ठेवा. होल्डरमध्ये बल्ब बसवा. सेलच्या टोपणाला जोडलेले वायर सुद्धा मोकळेच राहू द्या. दोन्ही वायरची टोके जवळजवळ आणा व एकमेकांना टेकू देऊ नका. त्यामुळे सर्किट पूर्ण होणार नाही व बल्ब लागणार नाही.

एका वाटीत थोडे पाणी व मीठ जास्त असे मिश्रण तयार करा. व हा खारट पाण्याचा थेंब दोन वायरच्या मधील जागेत टाका. दोन्ही वायर या थेंबामुळे ओले झाले पाहिजेत. ते झाल्याबरोबर बल्ब लागतो व प्रकाश पडतो. वायर पुसून कोरडे करा. बल्ब विझतो. पुन्हा मिठाच्या पाण्याचा थेंब वायरच्या टोकावर सोडा. पुन्हा बल्ब लागतो. अशा प्रकारे मिठाच्या पाण्याचा थेंब बटणाचे काम करतो.

(**तत्त्व :** मिठाचे पाणी विजेचे वाहक आहे.)

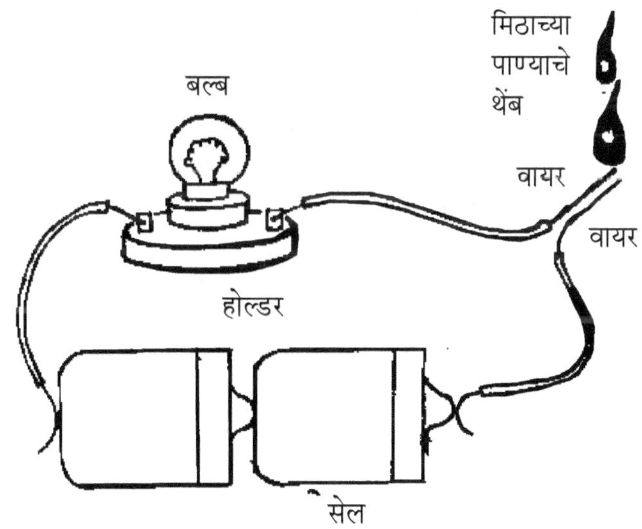

मिठाचा थेंब – बल्ब करतो चालू बंद

लागणारे सामान : दोन टॉर्च सेल, वायरचे तीन तुकडे, छोटा बल्ब, होल्डर, मीठ, पाणी, प्लॅस्टिकची शिशी.

दोन सेल, होल्डर व वायर यांची जोडणी आकृतीत दाखविल्याप्रमामे करावयाची आहे. ज्या ठिकाणी मिठाच्या पाण्याचा थेंब टाकावयाचा आहे ती वायरची टोके थोडी जास्त बाहेर काढून समांतर बांधून घ्यावयाची आहे.

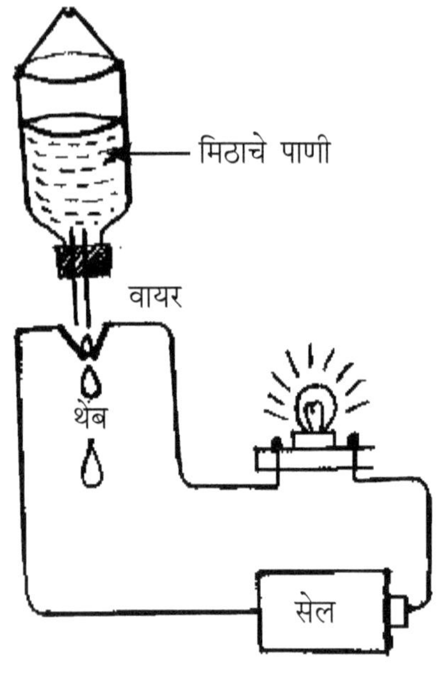

बांधताना तांब्याची तार एकमेकांना टेकू घ्यावयाची नाही. तारांची दिशा वरून खाली असावी. म्हणजे तारेवरील थेंब ओघळून खाली पडला पाहिजे.

मिठाच्या पाण्याचा थेंब थेंब तारेवर पडण्यासाठी प्लॅस्टिकच्या शिशीला बुडाला एक बारीक छिद्र सुईने पाडावे. त्या शिशीत पाणी भरले असता थेंब थेंब पाणी सांडले पाहिजे. भिंतीला खिळा ठोकून शिशी तशी टांगून ठेवावी. थेंब पडला की, तार जोडले जातात व सर्किट पूर्ण होते व बल्ब लागतो. हा थेंब ओघळून खाली पडला की, सर्किट बंद होते व बल्ब विझतो. याच वेळी प्लॅस्टिकच्या शिशीतून दुसरा थेंब तारेवर पडतो व सर्किट जोडलेल्या जाते व बल्ब लागतो. बल्ब चालू बंद होण्याची ही क्रिया शिशीतील पाणी संपेपर्यंत चालू राहते.

मिठाच्या पाण्यात जर लिंबाचा रस जास्त प्रमाणात मिसळला तर बल्ब अधिक चांगला लागेल.

□ □ □

न संपणारा सेल – लिंबू सेल

लागणारे सामान : एक पिकलेले लिंबू, तांब्याची पट्टी, जस्ताची पट्टी, वायरचे दोन तुकडे, भिंतीवरील किंवा हातात बांधावयाचे इलेक्ट्रॉनिक घड्याळ.

पिकलेले लिंबू टेबलावर ठेवून त्याला तळहाताने दाबून आडवे उभे बरेच वेळ टेबलावर फिरवावे. फक्त लिंबाची साल फुटणार नाही याची काळजी घ्यावी. या लिंबाच्या वरच्या सालीला ब्लेडने दोन ठिकाणी काप घ्या, पण आतील रस सांडू देऊ नका.

वायरच्या एका तुकड्याला तांब्याची एक पट्टी जोडा. वायरच्या दुसऱ्या तुकड्याला जस्ताची पट्टी जोडावी. जुन्या सेलचे वरील आवरण जस्ताचे असते म्हणून अशा सेलचे आवरण काढून घ्यावे. ते स्वच्छ करून घेऊन त्याच्या एका टोकाला वायरचे एक टोक जोडावे.

लिंबाला ब्लेडने दोन काप पाडले आहेत. त्यापैकी एका कापातून तांब्याची पट्टी आत सरकवा व दुसऱ्या कापातून जस्ताची पट्टी लिंबात सरकवा.

घड्याळ जवळ घ्या. त्यातील सेल बाहेर काढा. सेलच्या जागी **+** व - अशा खुणा असतात. तांब्याच्या पट्टीचे वायर + असते ते घड्याळात + च्या ठिकाणी जोडा. जस्ताचे वायर - असते ते घड्याळात - अशा खुणेला जोडा. तुमचे घड्याळ आता सुरू झाले आहे. हे घड्याळ बरेच दिवस चालू राहू शकते. लिंबू सुकून कोरडे पडल्यानंतर मात्र लिंबू बदलावे लागते. कारण सुकलेल्या लिंबातून विद्युत वाहात नाही.

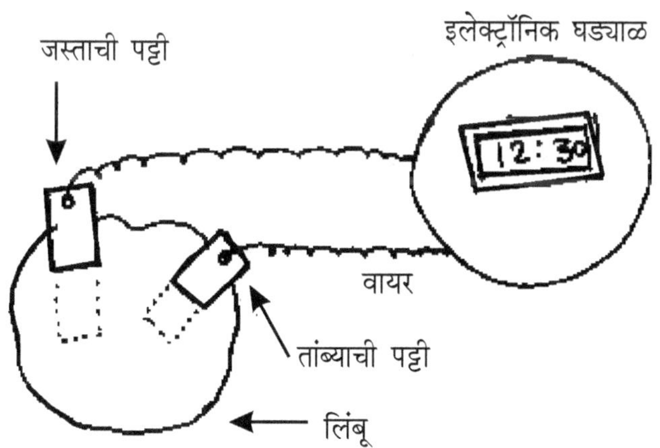

सेलची करामत– खिळ्यात येई चुंबकत्व

लागणारे सामान : टॉर्चसेल, लोखंडी खिळा, वाईंडिंग वायर.

एक जाड लोखंडी खिळा घ्या. वर्तमानपत्रावर जमा केलेल्या लोखंडी किसावर त्याला घुसळा, वर उचला. त्याला लोखंडाचा कीस चिकटणार नाही. याच खिळ्याला बारीक टाचण्या, खिळे चिकटवून पाहा, ते सुद्धा चिकटणार नाहीत. याचा अर्थ असा आहे की, आपल्या हातात असणारा खिळा अगदी साधा लोखंडीखिळा आहे.

साधारण जाड वाईंडिंग वायर घेऊन या खिळ्यावर गुंडाळा. खिळ्याची दोन्ही टोके उघडी ठेवा. वाईंडिंग वायरचे १५० वेढे खिळ्यावर गुंडाळा. नंतर वाईंडिंग वायर तोडून घ्या. वाईंडिंग वायरचे सुरुवातीचे टोक ब्लेडने घासून चकचकीत करा. त्याचप्रमाणे शेवटचे टोक घासून चकचकीत करा.

चकचकीत केलेल्या टोकापैकी एक टोक सेलच्या खालच्या बाजूने दाबून धरा व दुसरे टोक सेलच्या वरच्या बाजूने असणाऱ्या टोपीवर दाबून ठेवा. दोन्ही टोके तशीच दाबून ठेवून खिळ्याचे टोक लोखंडी किसात बुडवा. खिळ्याला भरपूर कीस चिकटतो. नंतर वायरचे वरील टोक सेलपासून दूर करा. सगळा कीस खाली पडतो. पुन्हा सेलला वायर जोडा व खिळा टाचण्यात बुडवा. पुष्कळ टाचण्या खिळ्याला चिकटतात. सेलपासून वायर दूर केल्यास खाली पडतात. अशा प्रकारे हा खेळ खूप वेळ खेळता येतो.

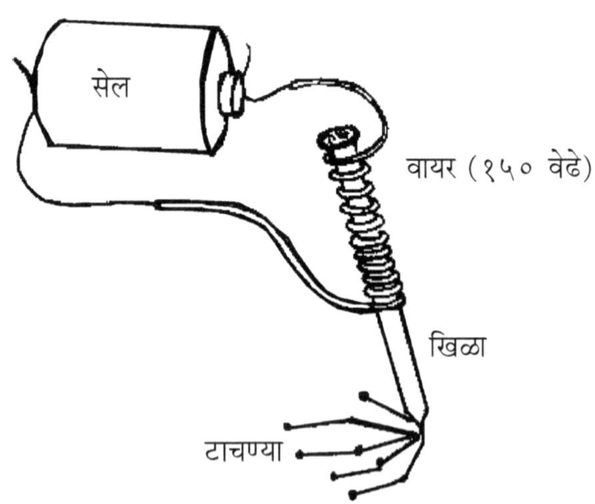

☐ ☐ ☐

विजेला चिकटणारा कीस

लागणारे सामान : एक मोठा टॉर्च सेल, तांब्याची तार, लोखंडाचा कीस.

कृती : चुंबकाच्या साहाय्याने रस्त्यावरच्या मातीतून लोखंडाचा कीस अलग काढून जमा करा. हा लोखंडाचा कीस एका कागदावर घ्या.

टॉर्च सेल घ्या. तांब्याच्या तारेचे एक टोक सेलच्या खालच्या बाजूने लावा व दुसरे टोक सेलच्या वरील पितळी टोपीला लावा. सेलच्या टोपीकडून विघुत निघून तांब्याच्या तारेतून सेलच्या खालच्या बाजूने सेलमध्ये जाते. तांब्याच्या तारेचा उघडा भाग कागदावरील लोखंडाच्या किसात बुडवा. तारेला लोहकीस चिकटून येतो.

सेलच्या टोकापासून तांब्याची तार अलग केली तर विघुत प्रवाह बंद होतो व तांब्याच्या तारेला चिकटलेला लोखंडी कीस खाली पडतो. जोपर्यंत प्रवाह चालू आहे तोपर्यंत कीस चिकटून बसतो.

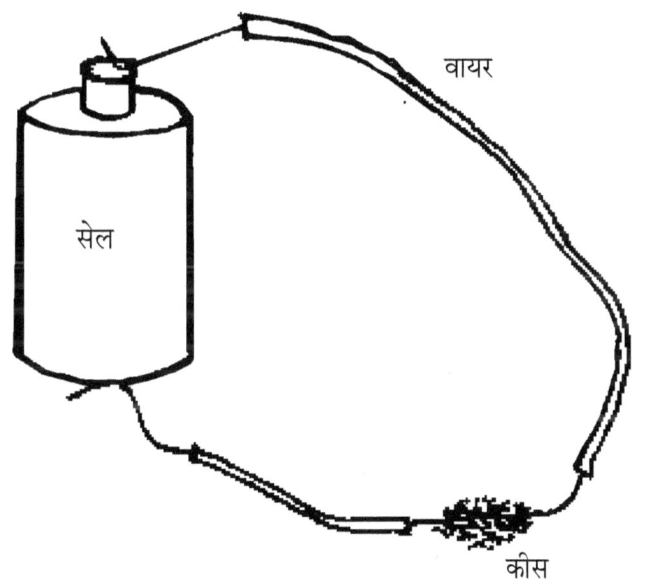

□ □ □

उड्या मारणारी बाहुली

लागणारे सामान : प्लॅस्टिकची छोटी बाहुली, इलॅस्टिकचा अगदी लवचिक दोरा, खिळ्याचा विद्युत चुंबक, छोटा खिळा, वायर, सेल.

कृती : एका बाहुलीच्या डोक्याला बारीक छिद्र पाडून त्यात इलॅस्टिकचा बारीक दोरा ओवून घ्या व ही बाहुली उभी टांगा. बाहुलीच्या पायाच्या ठिकाणी एक जोड लोखंडी खिळा बांधा.

बाहुलीच्या पायाखाली थोड्या अंतरावर विद्युत चुंबक ठेवा. विद्युत चुंबकाला वायरच्या साहाय्याने बटण व सेल जोडा. बटण चालू बंद केले म्हणजे बाहुली वर खाली उड्या मारू लागते. बटण दाबले की ती खाली ओढली जाते. बटण सोडले की, वर जाते. अशा प्रकारे आपण जितक्या वेळा बटण चालू बंद करू तितक्या वेळा तिच्या उड्या मारणं सुरूच असतं.

(**तत्त्व :** बटण दाबल्यावर विद्युत चुंबकात चुंबकत्व येते व बाहुलीच्या पायातील खिळ्याला ओढते.)

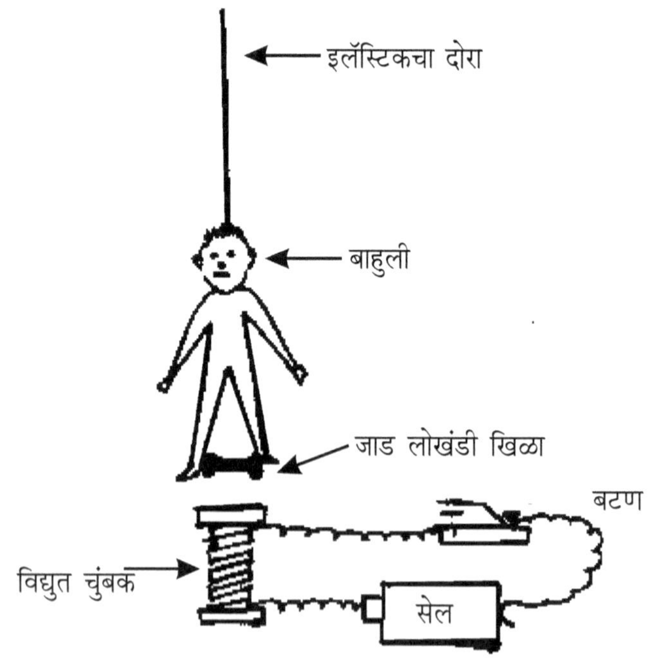

झोका घेणारी सेफ्टी पीन

लागणारे सामान : सेफ्टी पीन, दोरा, विद्युत चुंबक, वायर, सेल, बटण.

कृती : सेफ्टी पीनला बंद भागाकडून एक बारीक दोरा बांधा व टांगून द्या. सेफ्टीपीन वजनामुळे सरळ उभी स्थिर झाल्यावर तिच्या खालच्या टोकाजवळ किंचित दूर एक विद्युत चुंबक बसवा. विद्युत चुंबक बसविण्यासाठी ओल्या मातीचा गोळा वापरला तरी चालतो. आकृतीत सर्व रचना स्पष्ट केली आहे.

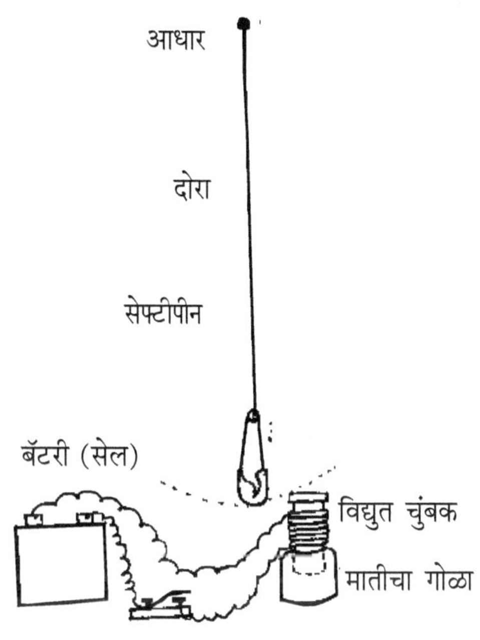

विद्युत चुंबकाला वायरच्या साहाय्याने सेल व बटण जोडा. बटण दाबले म्हणजे विद्युत चुंबकात चुंबकत्व जागृत होते व सेफ्टी पीन चुंबकाकडे ओढली जाते. बटण जर दाबूनच ठेवले तर पीन चुंबकाजवळच थांबेल म्हणून बटण सोडून द्यावे. म्हणजे पीन वापस जाईल. ती दूर गेली की, पुन्हा बटण दाबावे म्हणजे ती जवळ येईल. जवळ आल्यावर बटण सोडावे म्हणजे ती पुन्हा वापस जाईल.

अशा प्रकारे बटण चालू बंद करून झोका कायम ठेवून मोठा करता येतो. चांगली सवय झाल्यावर सेफ्टी पीन ऐवजी प्लॅस्टिकची छोटी बाहुली वापरावी. तिच्या पायात मात्र लोखंडी कडे घालण्यास विसरू नका.

□ □ □

वाहक व रोधक पदार्थ ओळखणे

लागणारे सामान : एक छोटे होल्डर, बल्ब, वायरचे तुकडे, दोन सेल.

कृती : ज्या पदार्थातून वीज वाहते त्यांना वाहक पदार्थ म्हणतात. व ज्यातून वाहात नाही त्यांना रोधक म्हणतात. आपल्या माहितीसाठी हे आवश्यक आहे. त्यासाठी आकृतीत दाखविल्याप्रमाणे जोडणी करणे आवश्यक आहे.

बल्बच्या बाजूची वायरची दोन टोके मोकळी आहेत. ती एकमेकांना टेकविली की बल्ब लागतो. कोणता पदार्थ वाहक आहे हे ओळखण्यासाठी ही दोन टोके त्या पदार्थावर दोन ठिकाणी एकमेकापासून दूर टेकवावी. जर बल्ब लागला तर तो पदार्थ विजेचा वाहक समजावा व बल्ब लागला नाही तर तो पदार्थ रोधक समजावा.

लाकूड, दगड, वीट, काचेचा पेला, स्टीलचा पेला, वाटी, ताट, लोखंड, ॲल्युमिनियम, पितळ, तांबे, प्लॅस्टिक, पुस्तक, कागद, तारेचे तुकडे, दोरा, सुतळी, पुठ्ठा, चामडे, रबर, कापड या सर्व पदार्थांना वायर टेकवून पाहा.

अशा प्रकारे वाहक पदार्थांची व रोधक पदार्थांची यादी तयार करा. ती तुमच्या सामान्य ज्ञानात नक्कीच भर घालील.

□ □ □

जोडणी करणे

लागणारे सामान : विद्युत चुंबक, सेलवर फिरणारी मोटार, बल्ब होल्डर, वायर, सेल, बटण.

कृती : दुकानात बल्ब किंवा सेल विकत घेताना दुकानदार सेलवर बल्ब उभा धरतो व एका वायरच्या तुकड्याने बल्बचा पितळी भाग सेलच्या खालच्या बाजूला जोडतो. यावरून बल्ब व सेल दोन्ही चालू आहे हे समजते. सेल व बल्ब घरी आणल्यावर दोघांच्या मध्ये एक बटण जोडावे. म्हणजे जोडणी जरी पूर्ण असली आणि बटण बंद असले तरी सेल खर्च होत नाहीत आणि प्रत्येक वेळी जोडणी करावी लागत नाही.

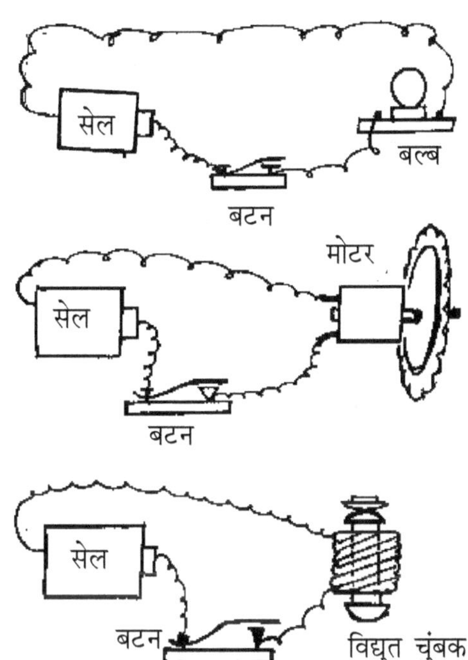

गणपतीच्या मागे फिरणारे चक्र लावलेले असते ते फिरविण्यासाठी छोटी मोटार चक्राला बसविलेली असते. वायर जोडली म्हणजे चक्र अखंड चालू राहील.

त्यासाठी त्याला बटण जोडावे म्हणजे चक्र आपल्या मर्जीप्रमाणे चालू बंद करता येईल.

लोखंडी खिळ्याभोवती वाईंडिंग वायर गुंडाळून त्याचा विद्युत चुंबक तयार होतो. जोपर्यंत वाईंडिंग वायरला सेल जोडलेले आहेत तोपर्यंत त्यात चुंबकत्व असते. यात चुंबकत्व येणे आणि जाणे या क्रिया करण्यासाठी जोडणीमध्ये बटण जोडावे लागते.

या जोडणीच्या तीनही क्रिया आकृतीत दाखविल्या आहेत.

□ □ □

लाईट हाऊस तयार करणे

लागणारे सामान : प्लॅस्टिकची शिशी, छोटा बल्ब, छोटे होल्डर, वायरचे तुकडे, टॉर्च सेल दोन, सेफ्टी पीन, बारीक खिळे.

कृती : बाजारात खोबरेल तेलाच्या प्लॅस्टिकच्या शिशा मिळतात. ती रिकामी झाली की, तुम्हाला खेळण्यासाठी तिचा उपयोग करता येईल. अशी एक शिशी घेऊन तिच्या बुडाजवळ एक छिद्र पाडा. या छिद्रातून वायरचे दोन तुकडे आत घाला व शिशीच्या तोंडातून बाहेर काढा. एक छोटे होल्डर घेऊन त्याच्या दोन स्क्रूलाही दोन वायर बांधा. होल्डरमध्ये छोटा बल्ब बसवा. वायर खालून ओढून तंग करा म्हणजे होल्डर शिशीच्या तोंडावर घट्ट बसेल. बल्ब झाकण्यासाठी इंजेक्शनची छोटी रिकामी शिशी बल्बवर उलटी ठेवा. लाईट हाऊस उभे राहावे म्हणून त्याच्या भोवती लहान लहान दगड लावा. एका वायरला टॉर्च सेलची खालची बाजू जोडा. टॉर्च सेलचे वरचे टोक तिसऱ्या वायरने सेफ्टी पीनच्या बटणाला जोडा. आकृती पाहून नीट जुळणी करा. सेफ्टी पीनचे बटण चालू व बंद करून लाईट हाऊसचा दिवा चालू बंद करता येईल.

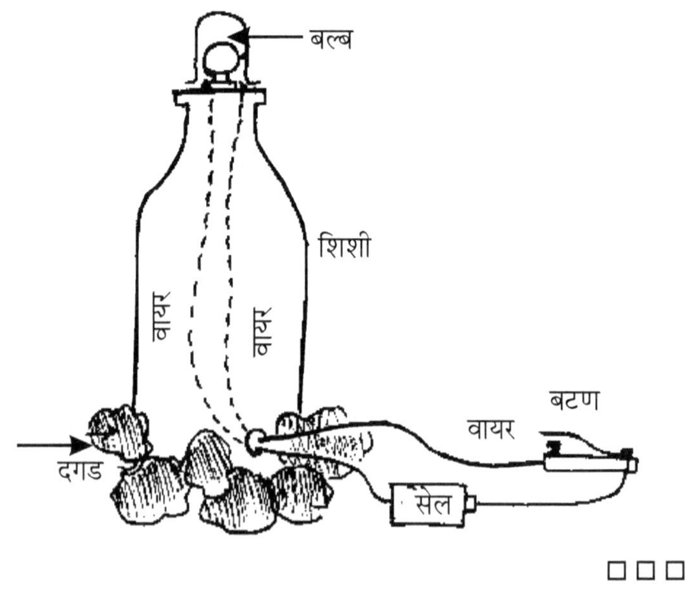

□ □ □

मांजराचे डोळे

लागणारे सामान : लाकडी पट्टीचे एक बटण, दोन बल्ब, दोन होल्डर, दोन सेल

कृती : कधी कधी एखाद्या खेळण्यात एकाच बटणावर चालू बंद होणारे दोन बल्ब लावायचे काम पडते त्यावेळी ही जोडणी कामात येईल. उदा. खेळण्यातील मांजराच्या डोळ्यात बल्ब बसविणे, किंवा खेळण्यातील मोटारला दोन दिवे बसविणे इत्यादी.

नारळाची अर्धी करवंटी घेऊन तीन डोळ्यांपैकी दोन डोळ्यांना आरपार छिद्र पाडावे. तिसरे छिद्र मोठे करावे हे तोंड होईल. फेव्हीकाल व भुसा एकत्र करून त्याचे दोन कान वरच्या बाजूला व एक नाक समोरच्या बाजूला तयार करून चिकटवावे. नारळाच्या शेंडीच्या मिशया नाकाखाली चिकटवाव्या. डोळ्याच्या आतून लाल जिलेटीन पेपर लावावा व प्रत्येक डोळ्यामागे एक एक बल्ब बसवावा. त्याची वायर बारीक व लांब असावी. त्याला सेल व बटण जोडावे. मांजरीचे डोके भिंतीला टांगावे. बटण चालू केले की, मांजरीचे डोळे लाल प्रकाश देतील. बटण बंद केले की, डोळ्यातील प्रकाश बंद होईल.

□ □ □

दोन बटणांवर एक दिवा

लागणारे सामान : एक लहान होल्डर व बल्ब, दोन बटणे, वायरचे तुकडे, दोन सेल.

कृती : कधी कधी एकच बल्ब लावण्यासाठी दोन ठिकाणी बटण बसविण्याची आवश्यकता पडते. अशा वेळी आकृतीत दाखविल्याप्रमाणे जोडणी करा. दोन बटणे तयार करण्याची एक रीत पुढीलप्रमाणे आहे. एका चापट लाकडी ठोकळ्यावर एक बारीक खिळा उभा ठोकावा. त्याच्या जवळच एक आडवी लोखंडी पट्टी दुसऱ्या खिळ्याने पक्की करावी. पट्टीचे मोकळे टोक पहिल्या खिळ्याच्या डोक्यावर येऊ द्यावे. बोटाने पट्टी दाबली म्हणजे ती खिळ्याच्या डोक्यावर टेकली पाहिजे. अशा प्रकारे दोन बटणे तयार करा.

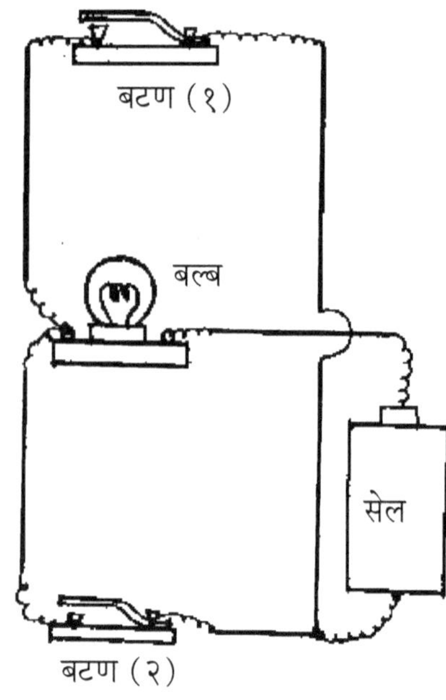

आकृतीत दाखविल्याप्रमाणे दोन बटणे होल्डर व सेल यांची जोडणी करावी. कोणतेही बटण दाबले म्हणजे बल्ब लागेल. बटण सोडले की, बल्ब बंद होईल.

अशा प्रकारे दोन ठिकाणांवरून एकच बल्ब नियंत्रणात ठेवता येईल.

□ □ □

रस्त्यावरील प्रकाश योजना

लागणारे सामान : बांबूच्या कामट्या, मातीचे गोळे, तांब्याची बारीक तार, तीन छोटे होल्डर, तीन बल्ब, तीन टॉर्च सेल, सेफ्टी पीन

कृती : ओल्या मातीचे चौकोनी ठोकळे तयार करा व त्यात एक कामटी खांब म्हणून उभी बसवा. या कामटीच्या वरच्या टोकाला कामटीचा दुसरा तुकडा दोऱ्याने आडवा बांधा. अशा प्रकारे तीन खांब तयार करा. तांब्याची बारीक तार घेऊन प्रत्येक खांबाच्या कामटीला डावीकडील टोकाकडून बांधून पुढच्या खांबाला बांधा, तसेच तिसऱ्या खांबापर्यंत न्या. याचप्रमाणे उजवीकडील टोकाला तांब्याची दुसरी तार बांधा. दोन्ही तारांचा कोणत्याच ठिकाणी एकमेकांना स्पर्श होऊ नये. प्रत्येक खांबाला एक होल्डर व बल्ब सारख्या उंचीवर बांधावे. होल्डरची दोन टोके तांब्याच्या दोन तारांना जोडावी. तांब्याच्या तारांची सुरुवातीची दोन टोके उरलेली आहेत त्यांना सेल व बटण जोडावे. रचना आकृतीत दाखविली आहे. ती व्यवस्थित समजावून घ्यावी.

सेफ्टी पीनचे बटण कसे तयार करावयाचे याची माहिती मागेच दिली आहे. सेलवर चालणाऱ्या कोणत्याही खेळाला सेफ्टी पीनचे बटण वापरले तरी चालते.

सर्व रचना जोडून झाल्यानंतर बटण चालू करावे. तीन खांबांवरील तीनही बल्ब एकदम लागतील व बटण बंद केले की, तिन्ही बल्ब एकदम बंद होतील. खांबांची संख्या वाढविली म्हणजे बल्बची संख्या वाढेल व त्यासाठी मग टॉर्च सेलची संख्या वाढवावी लागेल.

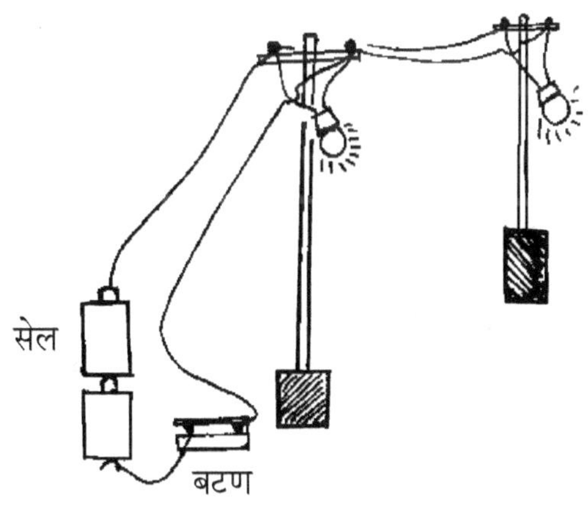

वाहतूक नियंत्रक दिवे

लागणारे सामान : तीन छोटे बल्ब, तीन होल्डर, वायरचे तुकडे, दोन टॉर्च सेल, एक सेफ्टी पीन, बारीक खिळे, दोन लाकडी पातळ पाट्या.

कृती : आकृतीत दाखविल्याप्रमाणे दोन पाट्या एकमेकींना काटकोनात बसवून घ्या. खालची पाटी बैठक म्हणून व उभी पाटी बल्ब बसविण्यासाठी उपयोगी पडेल. उभ्या पाटीवर एका खाली एक याप्रमाणे तीन होल्डर पक्के करा. प्रत्येकात एक एक बल्ब बसवून घ्या. वरच्या बल्बच्या लाल, मधल्या बल्बला पिवळा व खालच्या बल्बला हिरवा जिलेटीन पेपर गुंडाळा म्हणजे त्यांचा रंगीत प्रकाश पडेल.

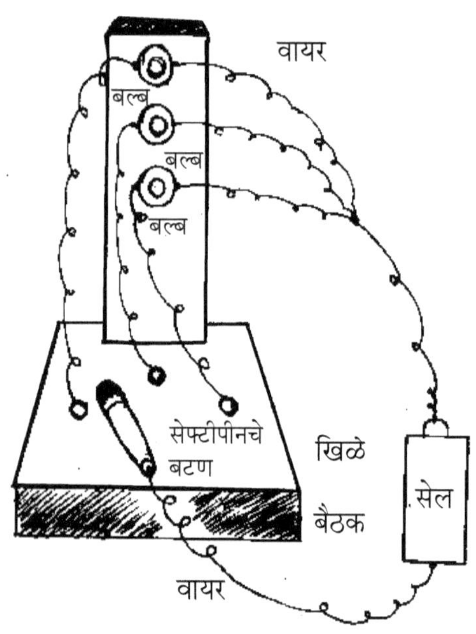

खालच्या बैठकीच्या पाटीवर मध्यभागी एक सेफ्टी पीन खिळ्याच्या साहाय्याने बसवा. तिचे दुसरे टोक पाटीवर फिरते असले पाहिजे. फिरते टोक टेकेल अशा तीन ठिकाणी तीन खिळे किंवा ड्रॉईंग पीन त्या बैठकीवर बसवा. प्रत्येक खिळा एकेका होल्डरला वायरने जोडावा. बाकीची वायरची जोडणी आकृती पाहून करावी. टॉर्च सेल योग्य ठिकाणी जोडावे.

सेफ्टी पीनचा पहिल्या खिळ्याला स्पर्श करताच लाल दिवा लागेल, दुसऱ्या खिळ्याला स्पर्श करताच पिवळा दिवा लागेल, तिसऱ्याला स्पर्श करताच हिरवा दिवा लागेल. एका वेळेस एकच दिवा लागेल.

टेबलावर रस्त्याच्या वाहतुकीचे चित्र काढून तेथे हे दिवे बसवा. रोडवर खेळण्याची मोटार, वाहने ठेवून कोणता दिवा चालू आहे हे पाहून तुमची मोटार थांबवायची किंवा पुढे न्यावयाची हे तुम्ही ठरवा.

□ □ □